怎样识读建筑设备施工图

（依据最新制图标准编写）

张建新　主编

中国建筑工业出版社

图书在版编目（CIP）数据

怎样识读建筑设备施工图/张建新主编．—北京：中国建筑工业出版社，2012.7

ISBN 978-7-112-14431-0

Ⅰ．①怎… Ⅱ．①张… Ⅲ．①房屋建筑设备-建筑安装工程-建筑制图-识别 Ⅳ．①TU8

中国版本图书馆 CIP 数据核字（2012）第 136053 号

怎样识读建筑设备施工图

（依据最新制图标准编写）

张建新　主编

*

中国建筑工业出版社出版、发行（北京西郊百万庄）

各地新华书店、建筑书店经销

北京红光制版公司制版

北京建筑工业印刷厂印刷

*

开本：880×1230 毫米　1/32　印张：7¼　字数：194 千字

2012 年 9 月第一版　　2012 年 9 月第一次印刷

定价：**20.00** 元

ISBN 978-7-112-14431-0

（22500）

本书根据《房屋建筑制图统一标准》GB/T 50001—2010、《暖通空调制图标准》GB/T 50114—2010、《建筑给水排水制图标准》GB/T 50106—2010等现行国家标准、规范、规程，系统地介绍了建筑设备制图标准、建筑设备施工图基础知识、管道工程施工图、采暖工程施工图、通风和空调工程施工图的识读方法。本书内容翔实，语言简洁，图文并茂，具有较强的指导性和可读性。

本书适用于建筑设备工程、建筑环境与设备、土木工程及建筑工程管理等相关专业师生使用，也可作为工程造价专业、工程技术人员的学习参考用书。

您若对本书有什么意见、建议，或您有图书出版的意愿或想法，欢迎致函 zhanglei@cabp. com. cn 交流沟通！

* * *

责任编辑：岳建光　张　磊
责任设计：董建平
责任校对：姜小莲　刘　钰

编　委　会

主　编　张建新

副主编　张　凯

编　委　牛云博　白雅君　冯义显　杜　岳

李冬云　张晓霞　张　敏　杨蝉玉

高少霞　隋红军

前　言

近年来，随着我国国民经济持续、快速、健康地发展，设计、施工过程中各种新材料、新设备、新方法、新工艺不断出现，国外安装工程先进技术不断引进，这些对设计、施工技术人员在看懂工程施工图方面提出了更高的要求。

本书以此为基点，从培养符合现今人才需求的角度出发，根据《房屋建筑制图统一标准》GB/T 50001—2010、《暖通空调制图标准》GB/T 50114—2010、《建筑给水排水制图标准》GB/T 50106—2010等现行国家标准、规范、规程，系统地介绍了建筑设备制图标准、建筑设备施工图基础知识、管道工程施工图、采暖工程施工图、通风和空调工程施工图的识读方法。本书内容翔实，语言简洁，图文并茂，具有较强的指导性和可读性。

本书适用于建筑设备工程、建筑环境与设备、土木工程及建筑工程管理等相关专业师生使用，也可作为工程造价专业、工程技术人员的学习参考用书。

本书编写过程中，尽管编写人员尽心尽力，但错误及不当之处在所难免，敬请广大读者批评指正，以便及时修订与完善。

目　　录

1 建筑设备制图标准

1.1 制图基础

1.1.1 图纸幅面和图框

(1) 图幅及图框尺寸应符合表 1-1 的规定及图 1-1～图 1-4 的格式。

图幅及图框尺寸（单位：mm） **表 1-1**

图幅代号 尺寸代号	A0	A1	A2	A3	A4
$b \times l$	841×1189	594×841	420×594	297×420	210×297
c	10			5	
a	25				

注：表中 b 为幅面短边尺寸，l 为幅面长边尺寸，c 为图框线与幅面线间宽度，a 为图框线与装订边间宽度。

(2) 需要微缩复制的图纸，其中一个边上应附有一段准确米制尺度，四个边上均附有对中标志，米制尺度的总长应为 100mm，分格应为 10mm。对中标志应画在图纸内框各边长的中点处，线宽应为 0.35mm，并应伸入内框边，在框外为 5mm。对中标志的线段，于 l_1 和 b_1 范围取中。

(3) 图纸的短边尺寸不应加长，A0～A3 幅面长边尺寸可加长，但应符合表 1-2 的规定。

图纸长边加长尺（单位：mm） **表 1-2**

幅面代码	长边尺寸	长边加长后的尺寸
A0	1189	1486(A0＋1/4l)、1635(A0＋3/8l)、1783(A0＋1/2l)、1932(A0＋5/8l)、2080(A0＋3/4l)、2230(A0＋7/8l)、2378(A0＋l)

续表

幅面代码	长边尺寸	长边加长后的尺寸
A1	841	1051(A1＋3/8l)、1261(A1＋1/2l)、1471(A1＋3/4l)、1682(A1＋l)、1892(A1＋5/4l)、2102(A1＋3/2l)
A2	594	743(A2＋1/4l)、891(A2＋1/2l)、1041(A2＋3/4l)、1189(A2＋l)、1338(A2＋5/4l)、1486(A2＋3/2l)、1635(A2＋7/4l)、1783(A2＋2l)、1932(A2＋9/4l)、2080(A2＋5/2l)
A3	420	630(A3＋1/2l)、841(A3＋l)、1051(A3＋3/2l)、1261(A3＋2l)、1471(A3＋5/2l)、1682(A3＋3l)、1892(A3＋7/2l)

注：有特殊需要的图纸，可采用 $b \times l$ 为 841mm×891mm 与 1189mm×1261mm 的幅面。

（4）图纸以短边作为垂直边应为横式，以短边作为水平边应为立式。A0～A3 图纸宜横式使用；必要时，也可立式使用。

（5）一个工程设计中，每个专业所使用的图纸，不宜多于两种幅面，不含目录以及表格所采用的 A4 幅面。

1.1.2 标题栏

（1）图纸中应有标题栏、图框线、幅面线、装订边线和对中标志。图纸的标题栏以及装订边的位置，应符合下列规定：

1）横式使用的图纸，应按图 1-1、图 1-2 的形式进行布置。

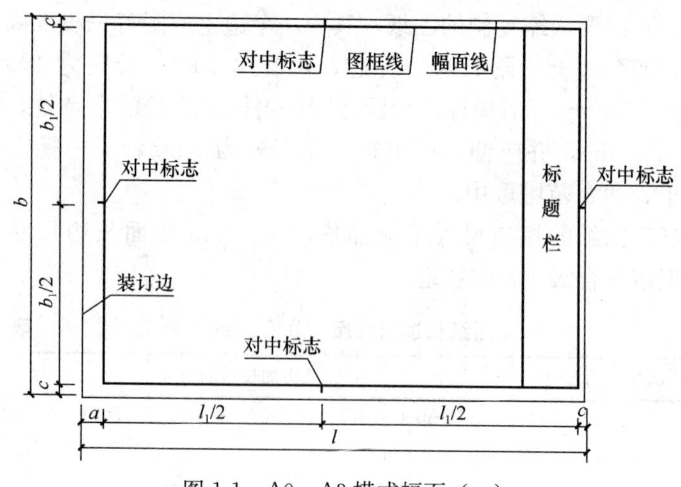

图 1-1　A0～A3 横式幅面（一）

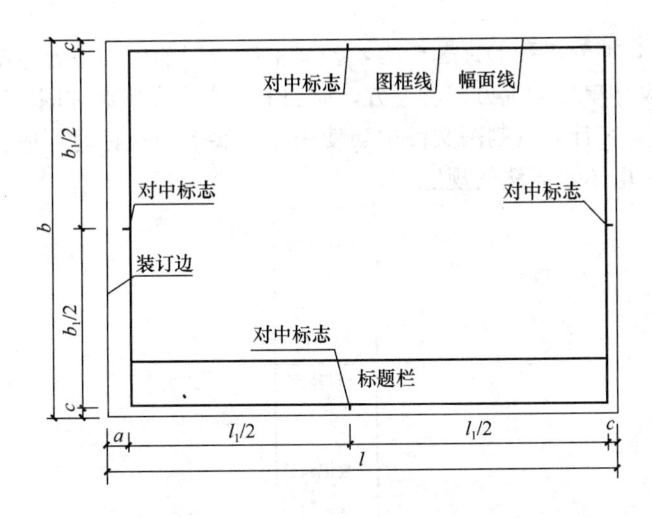

图 1-2　A0～A3 横式幅面（二）

2）立式使用的图纸，应按图 1-3、图 1-4 的形式进行布置。

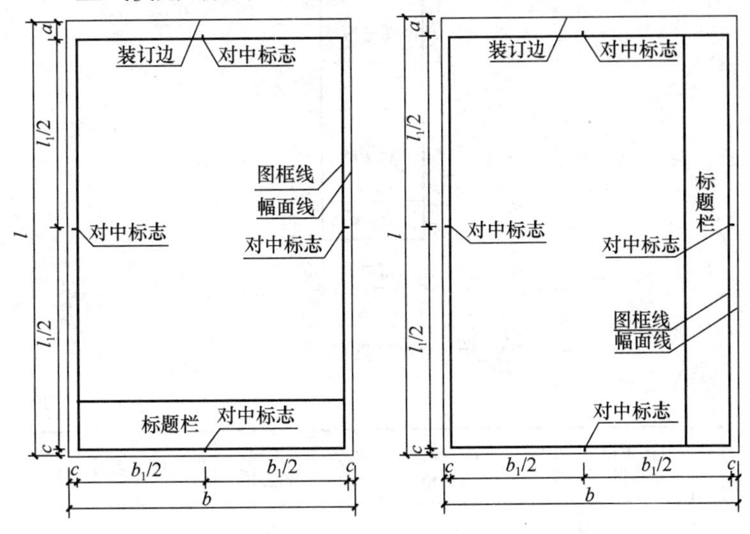

图 1-3　A0～A4 立式幅面（一）　　图 1-4　A0～A4 立式幅面（二）

（2）标题栏应符合图 1-5、图 1-6 的规定，根据工程的需要选择确定其尺寸、格式及分区。签字栏应包括实名列和签名列，并应符合下列规定。

1）涉外工程的标题栏内，各项主要内容的中文下方应附有译文，设计单位的上方或者左方，应加上“中华人民共和国”字样。

2）在计算机制图文件中当使用电子签名与认证时，应符合国家有关电子签名法的规定。

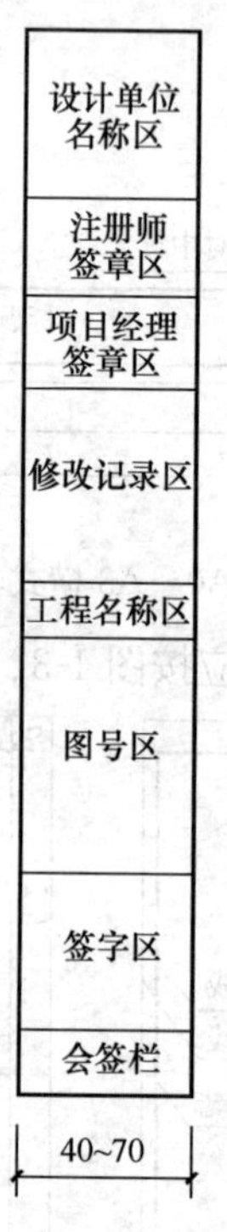

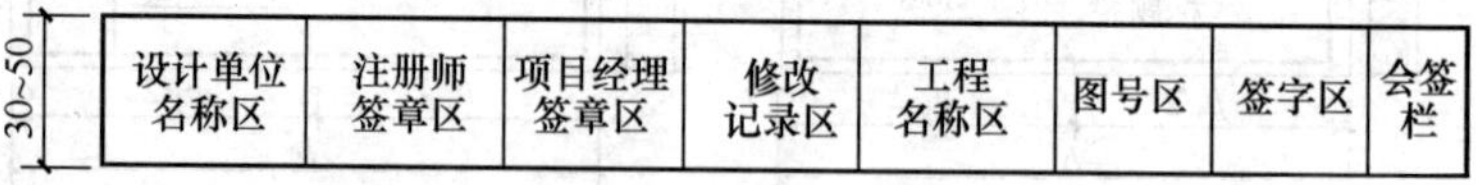

设计单位
名称区
注册师
签章区
项目经理
签章区
修改记录区
工程名称区
图号区
签字区
会签栏
40~70

图 1-5　标题栏（一）

30~50
设计单位
名称区
注册师
签章区
项目经理
签章区
修改
记录区
工程
名称区
图号区
签字区
会签
栏

图 1-6　标题栏（二）

1.1.3　图线的画法

各种图线的正误画法示例应符合表 1-3。

各种图线的正误画法示例　　表 1-3

图线	正　确	错　误	说　明
虚线与点画线	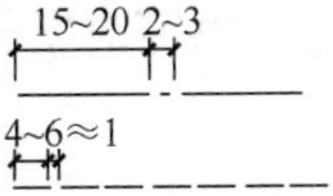 15~20 2~3 4~6≈1	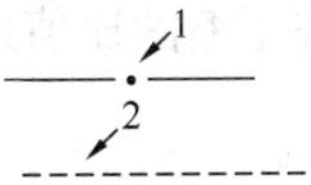 1 2	1. 点画线的线段长，通常画 15～20mm，空隙与点共 2～3mm。点常常画成很短的短画，而不是画成小圆黑点； 2. 虚线的线段长度通常画 4～6mm，间隙约 1mm。不要画得太短、太密
圆的中心线	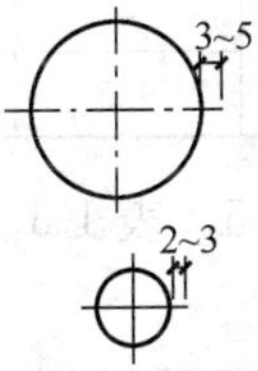 3~5 2~3	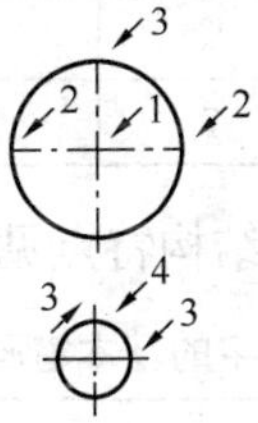 3 2 1 2 3 4 3	1. 两点画线相交，应在线段处相交，点画线与其他图线相交，也应在线段处相交； 2. 点画线的起始和终止处必须是线段，不能是点； 3. 点画线应出头 2～5mm； 4. 点画线很短时，可用细实线代替点画线
图线的交接	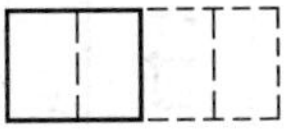	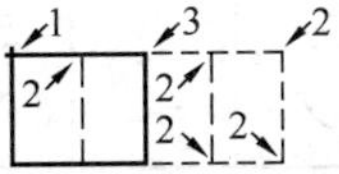 1 3 2 2 2 2 2	1. 两粗实线相交，应画到交点处，线段两端不出头； 2. 两虚线或虚线与实线相交，应线段相交，不要留间隙； 3. 虚线是实线的延长线时，应留有间隙
折断线与波浪线	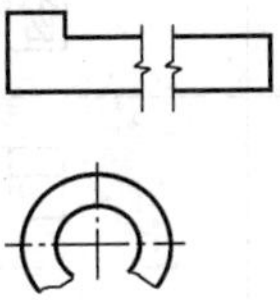	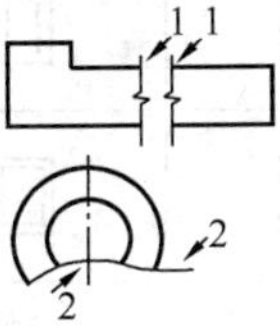 1 1 2 2	1. 折断线两端应分别超出图形轮廓线； 2. 波浪线画到轮廓线为止，不要超出图形轮廓线

1.1.4　字体

1. 基本要求

（1）字体的书写要求

书写字体时必须做到，笔画清晰、字体端正、排列整齐；标点符号应清楚正确。

（2）字体高度

字体的号数即字体的高度（单位：mm），字体高度分为 20、14、10、7、5、3.5 六种号数。汉字的高度不应小于 3.5mm，如需要书写更大的字，其高度应按压缩的比值递增。书写时字体的号数要选择合适且做到统一。

2. 汉字

长仿宋体汉字的宽度和高度的关系应符合表 1-4 所示的规定。

长仿宋体汉字宽度和高度的关系（单位：mm）　　**表 1-4**

字高	20	14	10	7	5	3.5
字宽	10	10	7	5	3.5	2.5

长仿宋体汉字的基本笔画与结构特点见表 1-5、表 1-6。

长仿宋体汉字的基本笔画　　**表 1-5**

笔画	点	横	竖	撇	捺	挑	折	钩
形状							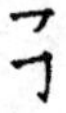	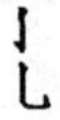
运笔				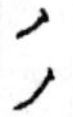			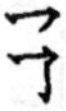	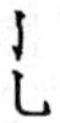

长仿宋体汉字的结构特点　　**表 1-6**

字　体	梁	板	门	窗
结构				
说明	上下等分	左小右大	缩格书写	上小下大

1.1.5　几何作图

1. 等分作图

（1）等分线段

任意等分直线段的方法如图 1-7 所示，将线段 AB 六等分，方法和步骤如下：

1）自 A 点任作一辅助射线 AC，并自 A 点起，在 AC 线上任意截取六等分，得 1、2、3、4、5、6 各等分点，如图 1-7（a）所示。

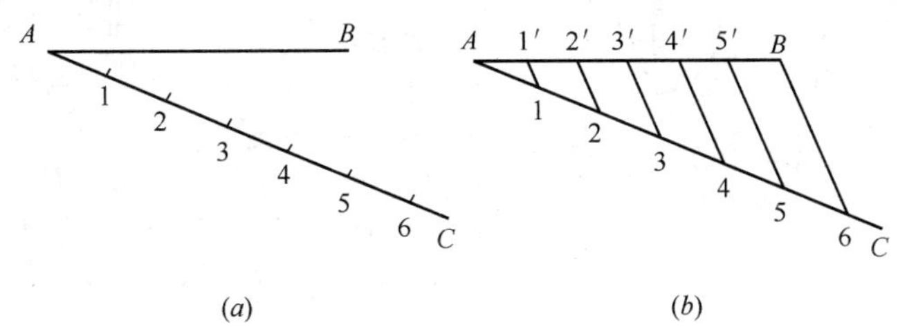

图 1-7　将已知线段 AB 等分

（a）做辅助射线 AC；（b）等分 AB

2）连接 $6B$。过 AC 线上各分点作 $6B$ 的平行线，分别与 AB 相交，得 $1'$、$2'$、$3'$、$4'$、$5'$各点，即把线段六等分，如图 1-7（b）所示。

（2）等分圆周

1）已知圆的直径，三、六等分圆周及作圆内接正三、六边形的作图方法见表 1-7。

三、六等分圆周及作圆的内接正三、六边形　　　　表 1-7

用圆规和直尺作图	三等分圆周及作圆内接正三边形	①已知圆心 O 和直径 AB、CD	②以 D 点为圆心，OD 为半径画弧交圆周于 E、F 点，则 C、E、F 点将圆周三等分	③连接 C、E、F 三点，即得圆内接正三边形

续表

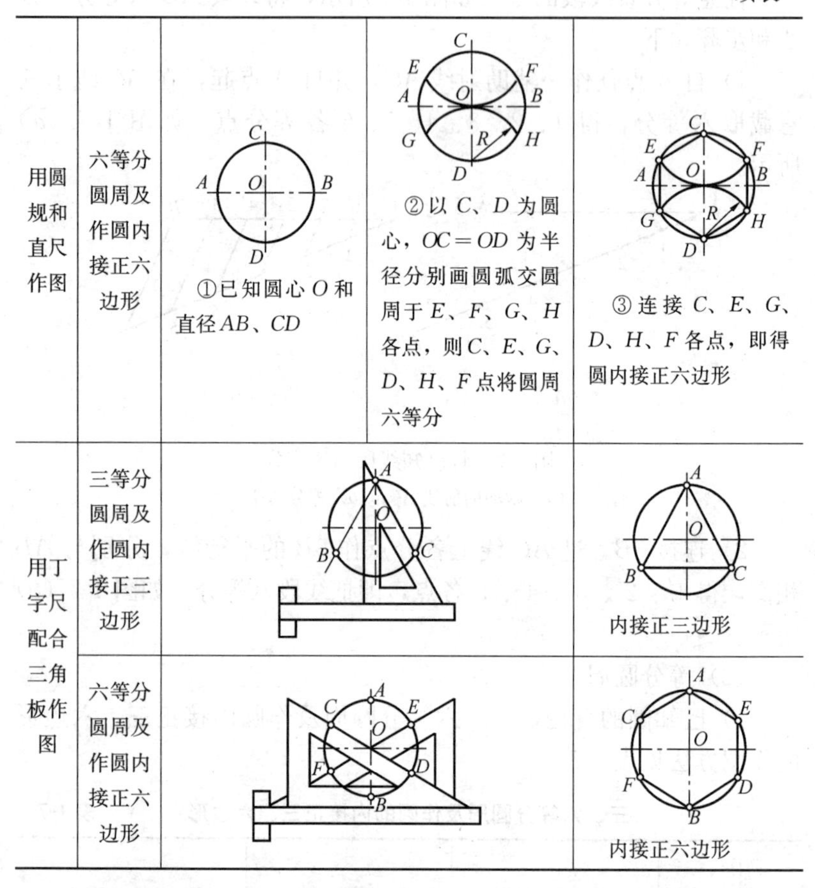

用圆规和直尺作图	六等分圆周及作圆内接正六边形	①已知圆心 O 和直径 AB、CD	②以 C、D 为圆心，$OC=OD$ 为半径分别画圆弧交圆周于 E、F、G、H 各点，则 C、E、G、D、H、F 点将圆周六等分	③连接 C、E、G、D、H、F 各点，即得圆内接正六边形
用丁字尺配合三角板作图	三等分圆周及作圆内接正三边形			内接正三边形
	六等分圆周及作圆内接正六边形			内接正六边形

2）五等分圆周及作圆内接正五边形的方法和作图步骤如图 1-8 所示。

2. 圆弧连接

（1）圆弧连接原理

圆弧连接的作图，可以归结为求连接圆弧的圆心和切点。其作图原理如图 1-9 所示。

（2）两直线间的圆弧连接

用圆弧连接正交两直线，其作图步骤如图 1-10 所示。用圆弧连接斜交两直线，其作图步骤如图 1-11 所示。

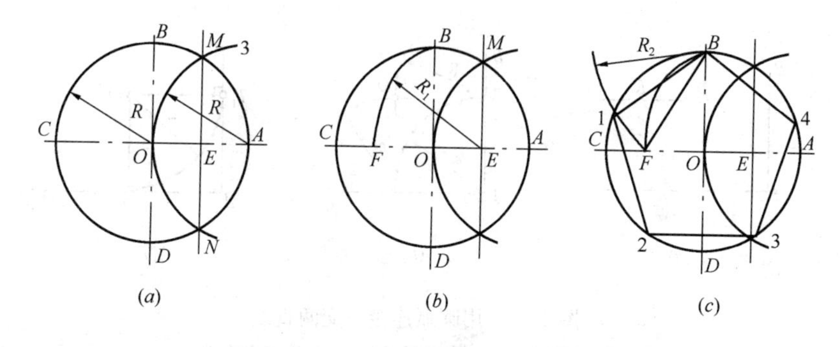

图 1-8　五等分圆周与圆的内接正五边形

（a）以 A 点为圆心，OA 为半径画弧，得点 M、N，连 MN，与 OA 交于点 E；

（b）以 EB 为半径，点 E 为圆心画弧，在 OC 上得交点 F；

（c）以 B 为起点，BF 弦长将圆周五等分得点 1、2、3、4，依次连各点得圆的内接正五边形

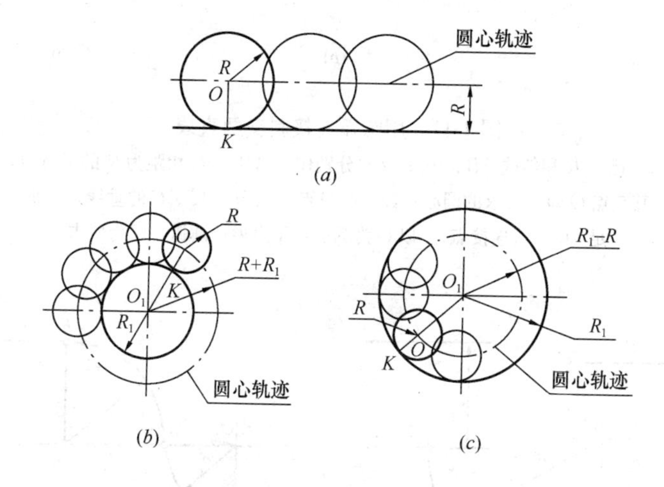

图 1-9　求连接圆弧的圆心和切点的基本作图原理

（a）连接圆心；（b）外切连接；（c）内切连接

（3）直线与圆弧之间圆弧连接

用圆弧连接圆弧和直线的作图步骤如图 1-12 所示。

（4）圆弧与圆弧之间的圆弧连接

1）外连接。已知两圆弧的圆心和半径分别为 O_1、O_2 和 R_1、R_2，用半径 R 的圆弧外接，其作图步骤如图 1-13 所示。

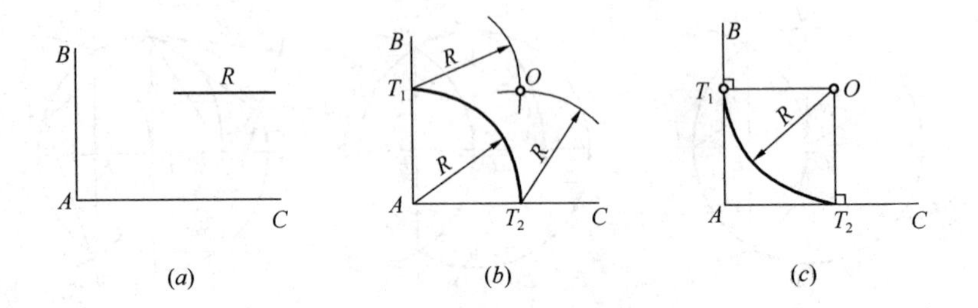

图 1-10　用圆弧连接正交两直线

（a）正交直线；（b）确定圆心 O；（c）连接正交直线

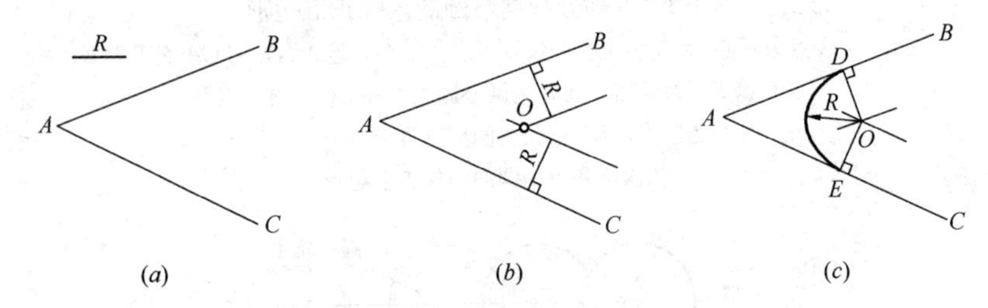

图 1-11　用圆弧连接斜交两直线

（a）已知 R 和斜线 AB、AC；（b）分别作与 AB、AC 相距为 R 的平行线，其交点 O 即为所求的圆心；（c）过 O 点分别作 AB、AC 的垂线，得垂足 D、E（连接点），以 O 为圆心，R 为半径画弧，即为所求

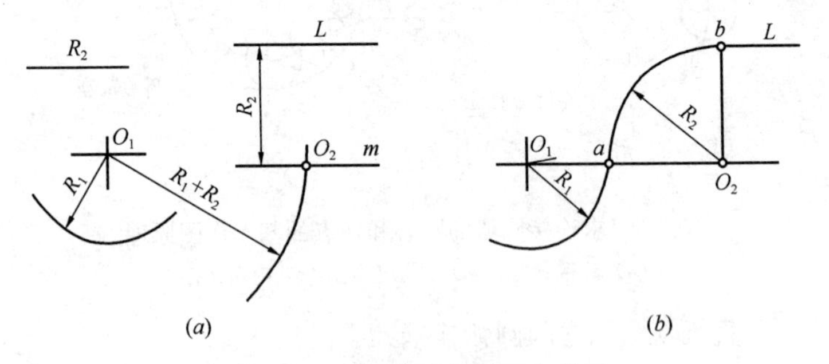

图 1-12　用圆弧连接圆弧和直线

（a）以已知弧的圆心为圆心，R_1+R_2 为半径画弧，再作与已知直线 L 距离为 R_2 的平行线 m，与圆弧交于 O_2；

（b）求出连接点 a、b，以 O_2 为圆心，R_2 为半径画弧，连 ab 即可

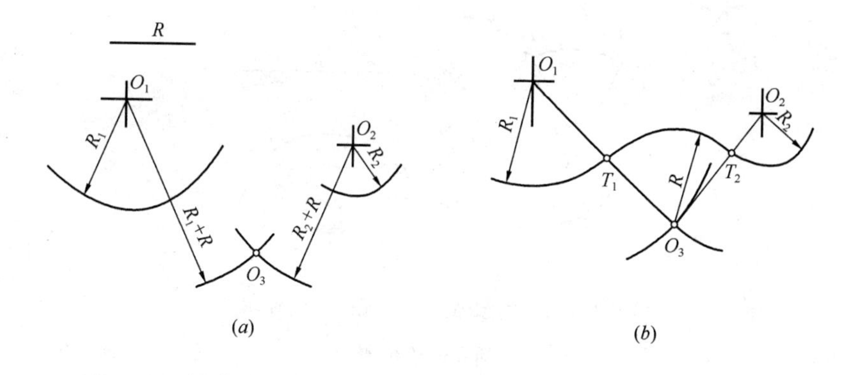

图 1-13　用圆弧连接圆弧——外切

（a）以 R_1+R 和 R_2+R 为半径，以 O_1、O_2 为圆心分别画弧交于 O_3；

（b）连 O_1O_3、O_2O_3，分别与已知弧交 T_1、T_2（切点），

以 O_3 为圆心，R 为半径画 T_1T_2，即为所求

2）内连接。已知两圆弧的圆心和半径分别为 O_1、O_2 和 R_1、R_2，用半径 R 的圆弧内接，其作图步骤如图 1-14 所示。

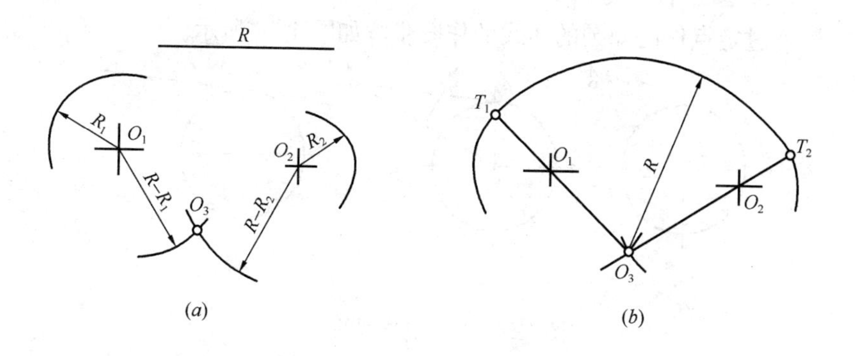

图 1-14　用圆弧连接圆弧——内切

（a）分别以 R-R_1、R-R_2 为半径，O_1、O_2 为圆心，画弧交于 O_3；

（b）连 O_3O_1、O_3O_2，并延长交已知弧于 T_1、T_2（切点），

以 O_3 为圆心，R 为半径画弧，则 T_1T_2 为所求

3）内外连接。用连接圆弧与第一个圆弧内切，与第二个圆弧外切，即内外接，其作图步骤如图 1-15 所示。

（5）圆弧的连接步骤应符合表 1-8。

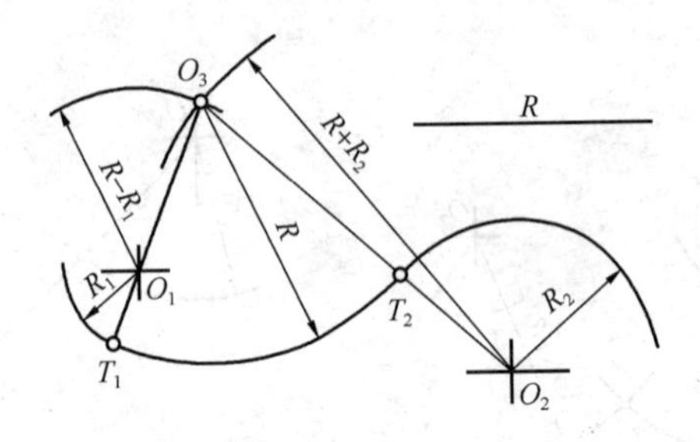

图 1-15　用圆弧连接圆弧——内外切

圆弧连接步骤　　表 1-8

项　目	内　容
步骤一	根据圆弧连接的作图原理，求连接弧的圆心
步骤二	求出切点
步骤三	根据连接弧的半径，画连接弧
步骤四	描深

3. 圆弧的切线

过定点作已知圆的切线的作图步骤如图 1-16 所示。

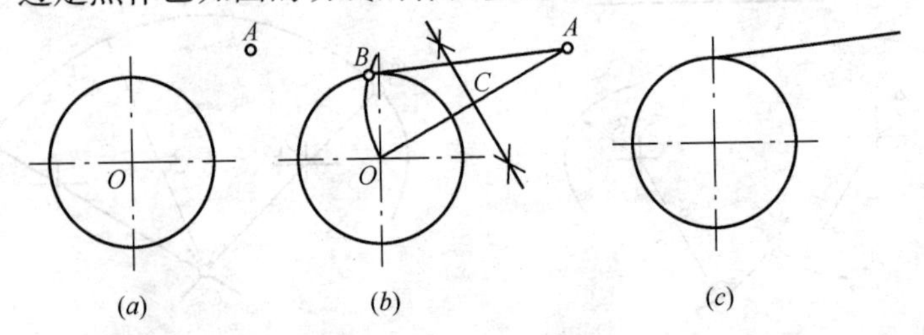

图 1-16　过定点作圆的切线

(*a*) 已知条件和作图要求：过点 *A* 作已知圆 *O* 的切线；(*b*) 作图过程：连接 *OA*，取 *OA* 的中点 *C*，以 *C* 为圆心，*CO* 为半径画弧，交圆周于点 *B*。连接 *A* 和 *B*，即为所求；(*c*) 作图结果：清理图面，加深图线，作图结果如图所示。这里有两个答案。另一答案与 *AB* 对 *OA* 对称，作图过程与求作 *AB* 相同，未画出

4. 斜度与锥度

(1) 斜度

标注时在前面加注符号“∠”，符号的斜度方向应与斜度方向

一致，如图 1-17 所示。斜度的作图方法，如图 1-18 所示。

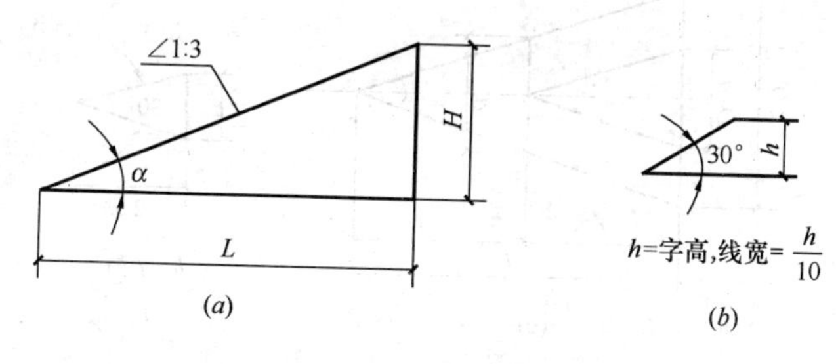

图 1-17 斜度及其符号

(a) 斜度；(b) 斜度符号

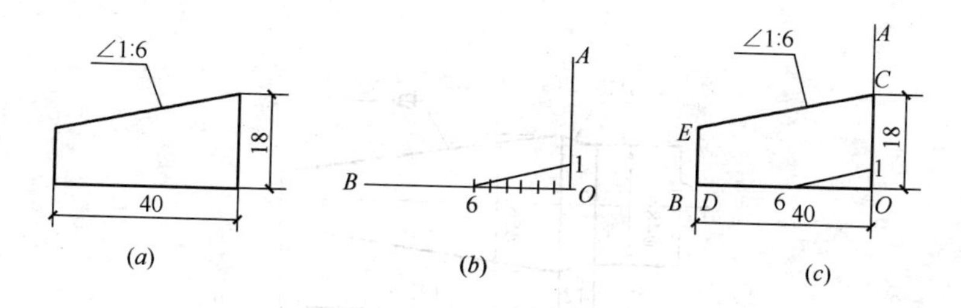

图 1-18 斜度的作图方法

(a) 作如本图所示带斜度 1∶6 的图形；(b) 作 $OA \perp OB$，自 O 点起在 OB 上取 6 个单位长度，在 OA 上取 1 个单位长度，连接 1 点和 6 点，即为 1∶6 的斜度坡；(c) 按尺寸定出 C、D 点，过 C 点作 16 线的平行线，与过 D 点的垂线相交于 E 点，即为所求

(2) 锥度。锥度是指正圆锥的底圆直径与圆锥高度之比。如果是圆台，其锥度就是两个底圆直径之差与圆台高度之比，如图 1-19 (*a*) 所示，即

$$锥度=\frac{D}{L}=\frac{D-d}{l}=2\tan\alpha$$

锥度符号按图 1-19 (*b*) 绘制，标注时符号方向应与锥度方向一致。

在图样上标注锥度时，以 1∶n 的形式表示。锥度标注在与指引线相连的基准线上，如图 1-20 所示。锥度的作图方法如图 1-21 所示。

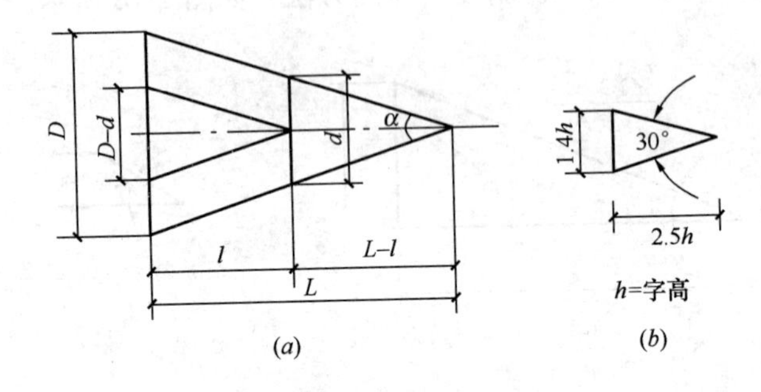

图 1-19　锥度及其符号

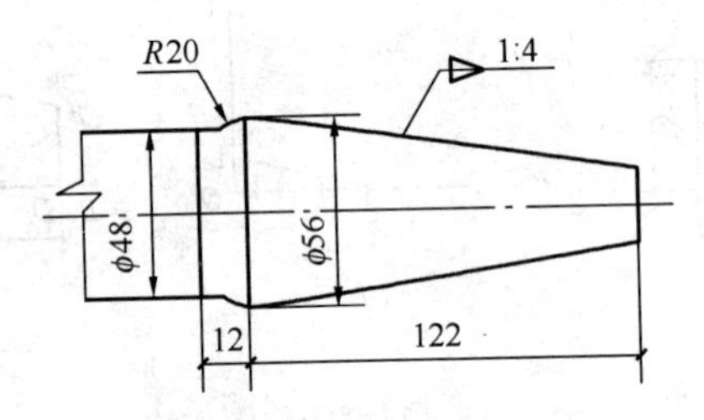

图 1-20　锥度的标注

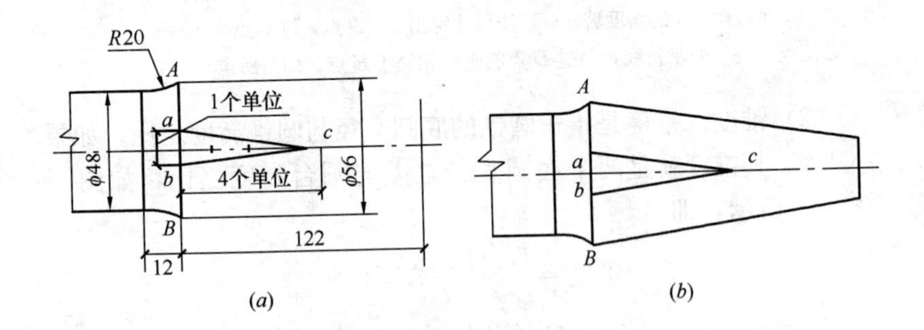

图 1-21　锥度的作图方法

(*a*) 做圆锥底线与锥度为 1∶4 的圆锥口 *abc*；

(*b*) 过 *A* 点作直线平行 *ac*，过 *B* 点作直线平行 *bc*。即完成 1∶4 的锥度

1.2 制图标准

1.2.1 给水排水制图标准

1. 图线

（1）图线的宽度 b，应根据图纸的类型、比例大小等复杂程度，按照现行国家标准《房屋建筑制图统一标准》（GB/T 50001—2010）中的规定选用。线宽 b 宜为 0.7mm 或 1.0mm。

（2）建筑给水排水专业制图，常用的各种线型宜符合表 1-9 的规定。

线　　型　　　　**表 1-9**

名称	线　　型	线宽	用　　途
粗实线	————	b	新设计的各种排水和其他重力流管线
粗虚线	‑ ‑ ‑ ‑ ‑ ‑	b	新设计的各种排水和其他重力流管线的不可见轮廓线
中粗实线	————	$0.7b$	新设计的各种给水和其他压力流管线；原有的各种排水和其他重力流管线
中粗虚线	‑ ‑ ‑ ‑ ‑ ‑	$0.7b$	新设计的各种给水和其他压力流管线及原有的各种排水和其他重力流管线的不可见轮廓线
中实线	————	$0.5b$	给水排水设备、零（附）件的可见轮廓线；总图中新建的建筑物和构筑物的可见轮廓线；原有的各种给水和其他压力流管线
中虚线	‑ ‑ ‑ ‑ ‑ ‑	$0.5b$	给水排水设备、零（附）件的不可见轮廓线；总图中新建的建筑物和构筑物的不可见轮廓线；原有的各种给水和其他压力流管线的不可见轮廓线

续表

名称	线　型	线宽	用　途
细实线	——————	0.25b	建筑的可见轮廓线；总图中原有的建筑物和构筑物的可见轮廓线；制图中的各种标注线
细虚线	— — — — — — —	0.25b	建筑的不可见轮廓线；总图中原有的建筑物和构筑物的不可见轮廓线
单点长画线	——·——·——	0.25b	中心线、定位轴线
折断线	——\/——	0.25b	断开界线
波浪线	～～～	0.25b	平面图中水面线；局部构造层次范围线；保温范围示意线

2. 比例

(1) 建筑给水排水专业制图常用的比例见表1-10。

给水排水管道施工图常用比例　　表1-10

名　称	比　例	备　注
区域规划图、区域位置图	1∶5000、1∶25000、1∶10000、1∶5000、1∶2000	宜与总图专业一致
总平面图	1∶1000、1∶500、1∶300	宜与总图专业一致
管道纵断面图	竖向1∶200、1∶100、1∶50 纵向1∶1000、1∶500、1∶300	—
水处理厂（站）平面图	1∶500、1∶200、1∶100	—
水处理构筑物、设备间、卫生间，泵房平、剖面图	1∶100、1∶50、1∶40、1∶30	—
建筑给水排水平面图	1∶200、1∶150、1∶100	宜与建筑专业一致

续表

名　称	比　例	备　注
建筑给水排水轴测图	1∶150、1∶100、1∶50	宜与相应图纸一致
详图	1∶50、1∶30、1∶20、1∶10、1∶5、1∶2、1∶1、2∶1	—

（2）在管道纵断面图中，竖向与纵向可采用不同的组合比例。

（3）在建筑给水排水轴测系统图中，当局部表达有困难时，该处可以不用按照比例绘制。

（4）水处理工艺流程断面图和建筑给水排水管道展开系统图可以不用按照比例绘制。

3. 标高

（1）标高符号以及一般标注方法应符合现行国家标准《房屋建筑制图统一标准》GB/T 50001—2010 的规定。

（2）室内工程应标注相对标高；室外工程宜标注绝对标高，当无绝对标高资料时，可标注相对标高，但应与总图专业一致。

（3）压力管道应标注管中心标高；重力流管道和沟渠宜标注管（沟）内底标高。标高单位以 m 计时，可注写到小数点后第二位。

（4）在下列部位应标注标高：

1）沟渠和重力流管道：

①建筑物内应标注起点、变径（尺寸）点、变坡点、穿外墙及剪力墙处。

②需控制标高处。

2）压力流管道中的标高控制点。

3）管道穿外墙、剪力墙和构筑物的壁以及底板等处。

4）不同水位线处。

5）建（构）筑物中土建部分的相关标高。

（5）标高的标注方法应符合下列规定：

1）平面图中，管道标高应按照图 1-22 的方式标注。

2）平面图中，沟渠标高应按照图 1-23 的方式标注。

3）剖面图中，管道及水位的标高应按照图 1-24 的方式标注。

4）轴测图中，管道标高应按照图 1-25 的方式标注。

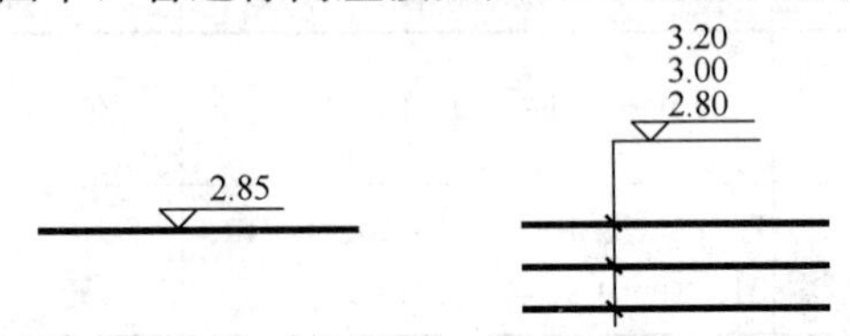

图 1-22　平面图中管道标高标注法

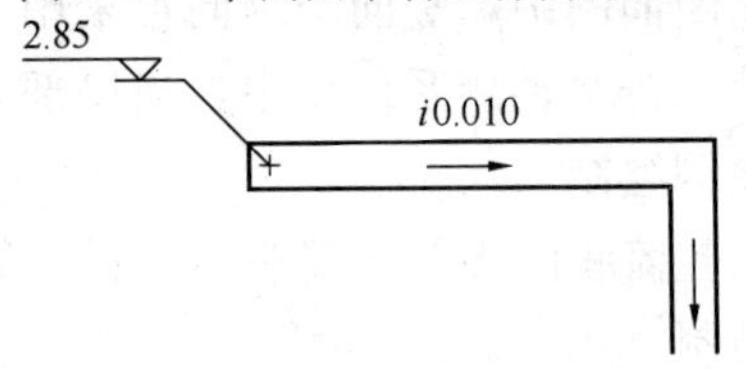

图 1-23　平面图中沟渠标高标注法

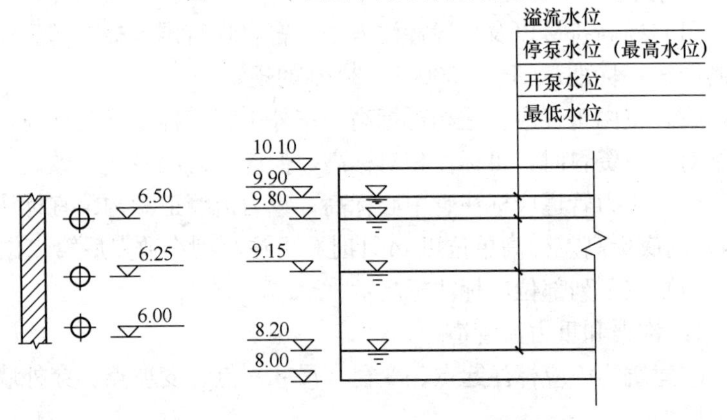

图 1-24　剖面图中管道及水位标高标注法

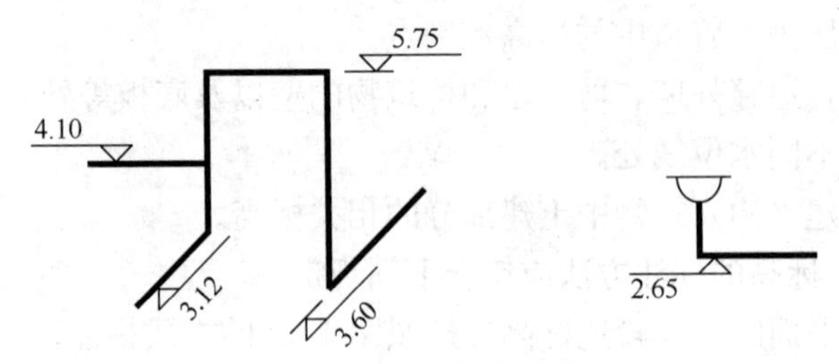

图 1-25　轴测图中管道标高标注法

（6）建筑物内的管道也可以按照本层建筑地面的标高加管道安装高度的方式标注管道标高，标注方法应为 $H+\times.\times\times$，H 表示本层建筑地面标高。

4. 管径

（1）管径表示方法

管径以“mm”为单位。各类管材管径的标注方法，见表1-11。

各类管材管径标注方法　　表 1-11

管道类别	管径规格表示
水煤气输送钢管（镀锌或非镀锌）、铸铁管等管材	公称直径 *DN*
建筑给水排水塑料管等管材	公称外径 *dn*
无缝钢管、焊接钢管（直缝或螺旋缝）等管材	外径 *D*×壁厚
铜管、薄壁不锈钢管等管材	公称外径 *Dw*
钢筋混凝土（或混凝土）管	管内径 *d*

注：当设计中均采用公称直径 *DN* 表示管径时，应有公称直径 *DN* 与相应产品规格对照表。

（2）管径的标注

管径尺寸标注方法应符合下列规定：

1）单根管道时，管径应按照图 1-26（*a*）的方式标注。

2）多根管道时，管径应按照图 1-26（*b*）的方式标注。

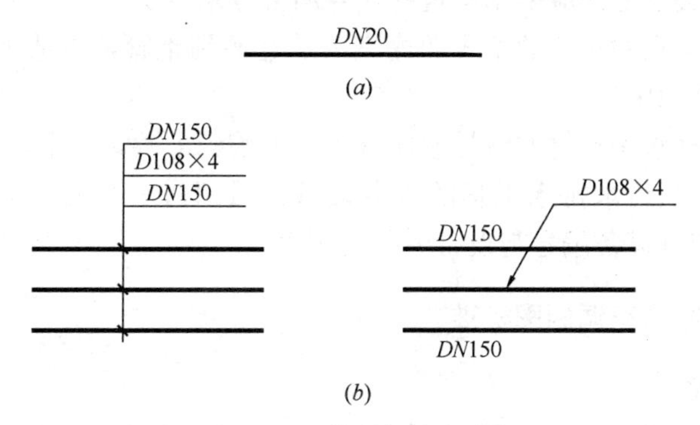

图 1-26　管径标注方式

（*a*）单管管径标注方式；（*b*）多管管径标注方式

5. 编号

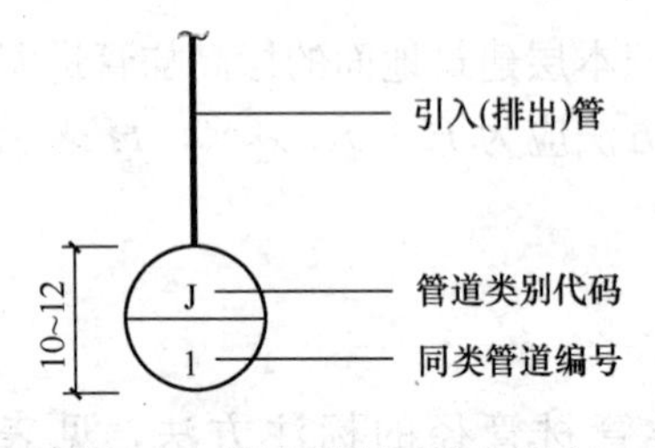

图 1-27　给水引入（排水排出）管编号表示法

（1）当建筑物的给水引入管或排水排出管的数量超过一根时，应进行编号，编号宜按照图 1-27 的方法表示。

（2）建筑物内穿越楼层的立管，其数量超过一根时，应进行编号，编号宜按照图 1-28 的方法表示。

（3）在总图中，当同种给水排水附属构筑物的数量超过一个时，应进行编号，并且应符合下列规定：

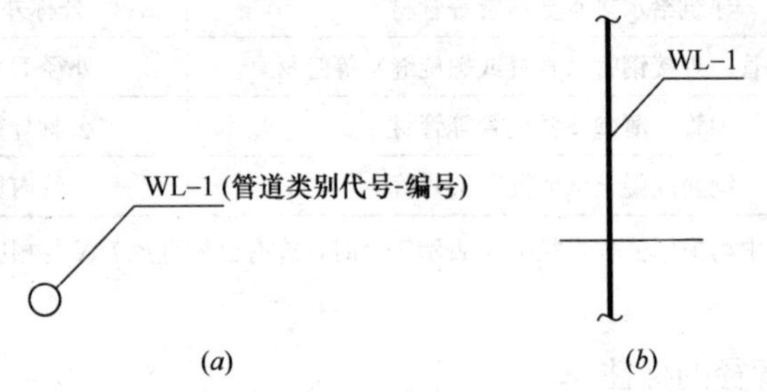

图 1-28　立管编号表示法
（*a*）平面图；（*b*）剖面图、系统图、轴测图

1）编号方法应采用构筑物代号加编号来表示。

2）给水构筑物的编号顺序宜为从水源到干管，再从干管到支管，最后到用户。

3）排水构筑物的编号顺序宜为从上游到下游，先干管后支管。

（4）当给水排水工程的机电设备数量超过一台时，宜进行编号，并应有设备编号与设备名称对照表。

1.2.2　暖通空调制图标准

1. 图线

（1）图线的基本宽度 b 和线宽组，应根据图样的比例、类别及使用方式确定。

(2) 基本宽度 b 宜选用 0.18、0.35、0.5、0.7、1.0mm。

(3) 图样中仅使用两种线宽时，线宽组宜为 b 和 $0.25b$。三种线宽的线宽组宜为 b、$0.5b$ 和 $0.25b$，并应符合表 1-12 的规定。

线　宽　　　　表 1-12

线宽比	线　宽　组			
b	1.4	1.0	0.7	0.5
$0.7b$	1.0	0.7	0.5	0.35
$0.5b$	0.7	0.5	0.35	0.25
$0.25b$	0.35	0.25	0.18	(0.13)

注：需要缩微的图纸，不宜采用 0.18mm 以及更细的线宽。

(4) 在同一张图纸内，各不同线宽组的细线，可统一采用最小线宽组的细线。

(5) 暖通空调专业制图采用的线型及其含义，宜符合表 1-13 的规定。

(6) 图样中也可使用自定义图线及含义，但应明确说明，且其含义不应与《暖通空调制图标准》GB/T 50114—2010 发生矛盾。

线型及其含义　　　　表 1-13

名　称		线　型	线宽	一　般　用　途
实线	粗	━━━━━━	b	单线表示的供水管线
	中粗	━━━━━━	$0.7b$	本专业设备轮廓、双线表示的管道轮廓
	中	──────	$0.5b$	尺寸、标高、角度等标注线及引出线；建筑物轮廓
	粗	──────	$0.25b$	建筑布置的家具、绿化等；非本专业设备轮廓
虚线	粗	━ ━ ━ ━ ━ ━ ━	b	回水管线及单根表示的管道被遮挡的轮廓
	中粗	─ ─ ─ ─ ─ ─ ─	$0.7b$	本专业设备及双线表示的管道被遮挡的部分

续表

名称		线型	线宽	一般用途
虚线	中	— — — — — — —	0.5b	地下管沟、改造前风管的轮廓线；示意性连线
	细	- - - - - - - - - - - -	0.25b	非本专业虚线表示的设备轮廓等
波浪线	中	～～～～～	0.5b	单线表示的软管
	细	～～～～～	0.25b	断开界线
单点长画线		—·—·—·—·	0.25b	轴线、中心线
双点长画线		—··—··—··	0.25b	假想或工艺设备轮廓线
折断线		——∧/——	0.25b	断开界线

2. 比例

总平面图、平面图的比例，宜与工程项目设计的主导专业一致，其余可按照表 1-14 选用。

比例 **表 1-14**

图名	常用比例	可用比例
剖面图	1∶50、1∶100	1∶150、1∶200
局部放大图、管沟断面图	1∶20、1∶50、1∶100	1∶25、1∶30、1∶150、1∶200
索引图、详图	1∶1、1∶2、1∶5、1∶10、1∶20	1∶3、1∶4、1∶15

1.3 施工图常用图例

1.3.1 给水排水施工图常用图例

（1）管道类别应以汉语拼音字母表示，管道图例宜符合表 1-

15 的要求。

给排水工程管道图例　　表 1-15

序号	名　称	图　例	备　注
1	生活给水管	——— J ———	—
2	热水给水管	——— RJ ———	—
3	热水回水管	——— RH ———	—
4	中水给水管	——— ZJ ———	—
5	循环冷却给水管	——— XJ ———	—
6	循环冷却回水管	——— XH ———	—
7	热媒给水管	——— RM ———	—
8	热媒回水管	——— RMH ———	—
9	蒸汽管	——— Z ———	—
10	凝结水管	——— N ———	—
11	废水管	——— F ———	可与中水原水管合用
12	压力废水管	——— YF ———	—
13	通气管	——— T ———	—
14	污水管	——— W ———	—
15	压力污水管	——— YW ———	—
16	雨水管	——— Y ———	—
17	压力雨水管	——— YY ———	—
18	虹吸雨水管	——— HY ———	—

续表

序号	名 称	图 例	备 注
19	膨胀管	PZ	—
20	保温管		也可用文字说明保温范围
21	伴热管		也可用文字说明保温范围
22	多孔管		—
23	地沟管		—
24	防护套管		—
25	管道立管	XL-1 平面 XL-1 系统	X为管道类别 L为立管 1为编号
26	空调凝结水管	KN	—
27	排水明管	坡向	—
28	排水暗管	坡向	—

注：1. 分区管道用加注角标方式表示。

2. 原有管线可用比同类型的新设管线细一级的线型表示，并加斜线，拆除管线则加叉线。

（2）管道附件的图例宜符合表1-16的要求。

管道附件图例 **表1-16**

序号	名 称	图 例	备 注
1	管道伸缩器		—
2	方形伸缩器		—

续表

序号	名 称	图 例	备 注
3	刚性防水套管		—
4	柔性防水套管		—
5	波纹管		—
6	可曲挠橡胶接头	单球 双球	—
7	管道固定支架		—
8	立管检查口		—
9	清扫口	平面 系统	—
10	通气帽	成品 蘑菇形	—
11	雨水斗	YD- YD- 平面 系统	—
12	排水漏斗	平面 系统	—

续表

序号	名称	图例	备注
13	圆形地漏	平面 系统	通用。如无水封，地漏应加存水弯
14	方形地漏	平面 系统	—
15	自动冲洗水箱		—
16	挡墩		—
17	减压孔板		—
18	Y形除污器		—
19	毛发聚集器	平面 系统	—
20	倒流防止器		—
21	吸气阀		—
22	真空破坏器		—

续表

序号	名　称	图　例	备　注
23	防虫网罩		—
24	金属软管		—

(3) 管道连接的图例宜符合表 1-17 的要求。

管道连接图例　　表 1-17

序号	名　称	图　例	备　注
1	法兰连接		—
2	承插连接		—
3	活接头		—
4	管堵		—
5	法兰堵盖		—
6	盲板		—
7	弯折管	高　低　低　高	—
8	管道丁字上接	高　低	—
9	管道丁字下接	高　低	—
10	管道交叉	低　高	在下面和后面的管道应断开

（4）管件的图例宜符合表 1-18 的要求。

管件图例 **表 1-18**

序号	名 称	图 例	序号	名 称	图 例
1	偏心异径管	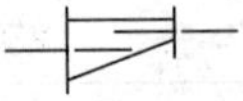	8	90°弯头	
2	同心异径管		9	正三通	
3	乙字管		10	TY 三通	
4	喇叭口		11	斜三通	
5	转动接头		12	正四通	
6	S 形存水弯		13	斜四通	
7	P 形存水弯		14	浴盆排水管	

（5）阀门的图例宜符合表 1-19 的要求。

阀 门 图 例 **表 1-19**

序号	名称	图 例	备 注
1	闸阀		—
2	角阀		—
3	三通阀		—

续表

序号	名称	图　例	备　注
4	四通阀	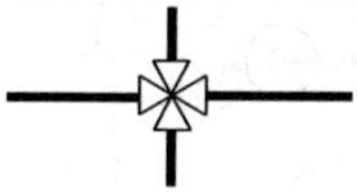	—
5	截止阀		—
6	蝶阀	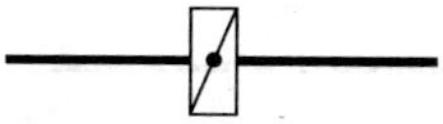	—
7	电动闸阀	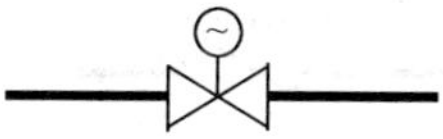	—
8	液动闸阀	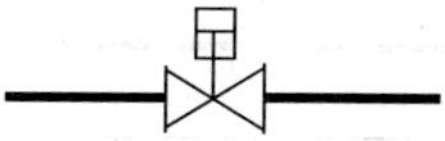	—
9	气动闸阀	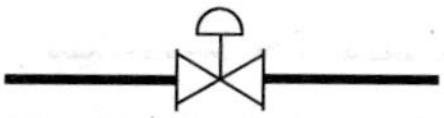	—
10	电动蝶阀		—
11	液动蝶阀	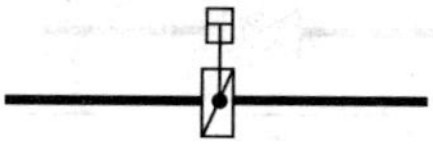	—
12	气动蝶阀	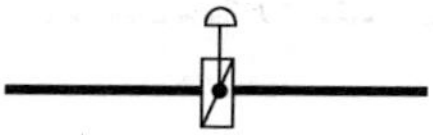	—
13	减压阀		左侧为高压端
14	旋塞阀	 平面 　系统	—

续表

序号	名称	图 例	备 注
15	底阀	 平面 系统	—
16	球阀		—
17	隔膜阀	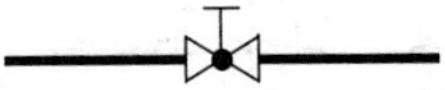	—
18	气开隔膜阀	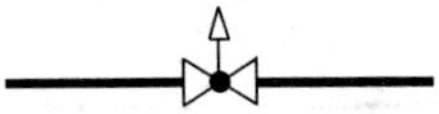	—
19	气闭隔膜阀		—
20	电动隔膜阀	 ~	—
21	温度调节阀		—
22	压力调节阀	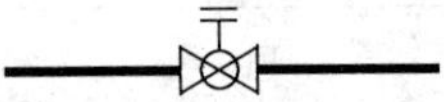	—
23	电磁阀	 M	—
24	止回阀	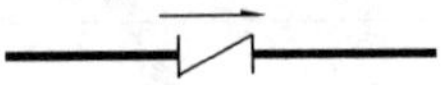	—
25	消声止回阀	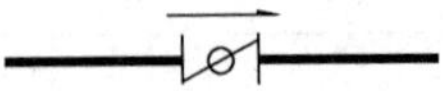	—
26	持压阀	 C	—

续表

序号	名称	图　例	备　注
27	泄压阀		—
28	弹簧安全阀		左侧为通用
29	平衡锤安全阀		—
30	自动排气阀	平面　系统	—
31	浮球阀	平面　系统	—
32	水力液位控制阀	平面　系统	—
33	延时自闭冲洗阀		—
34	感应式冲洗阀		—
35	吸水喇叭口	平面　系统	—
36	疏水器		—

（6）给水配件的图例宜符合表1-20的要求。

给水配件图例 表 1-20

序号	名称	图例	序号	名称	图例
1	水嘴	平面 系统	6	脚踏开关水嘴	
2	皮带水嘴	平面 系统	7	混合水嘴	
3	洒水（栓）水嘴		8	旋转水嘴	
4	化验水嘴		9	浴盆带喷头混合水嘴	
5	肘式水嘴		10	蹲便器脚踏开关	

（7）消防设施的图例宜符合表 1-21 的要求。

消防设施图例 表 1-21

序号	名　称	图　例	备　注
1	消防栓给水管	——XH——	—
2	自动喷水灭火给水管	——ZP——	—
3	雨淋灭火给水管	——YL——	—
4	水幕灭火给水管	——SM——	—
5	水炮灭火给水管	——SP——	—

续表

序号	名 称	图 例	备 注
6	室外消火栓		—
7	室内消火栓（单口）	平面 系统	白色为开启面
8	室内消火栓（双口）	平面 系统	—
9	水泵接合器		—
10	自动喷洒头（开式）	平面 系统	—
11	自动喷洒头（闭式）	平面 系统	下喷
12	自动喷洒头（闭式）	平面 系统	上喷
13	自动喷洒头（闭式）	平面 系统	上下喷
14	侧墙式自动喷洒头	平面 系统	—
15	水喷雾喷头	平面 系统	—
16	直立型水幕喷头	平面 系统	—

续表

序号	名称	图例	备注
17	下垂型水幕喷头	平面 系统	—
18	干式报警阀	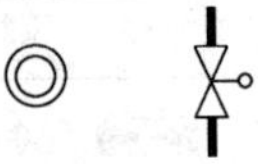 平面 系统	—
19	湿式报警阀	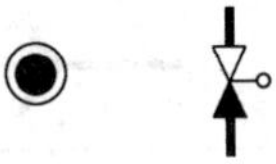 平面 系统	—
20	预作用报警阀	 平面 系统	—
21	雨淋阀	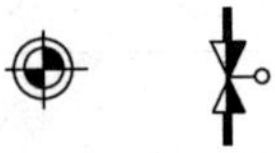 平面 系统	—
22	信号闸阀		—
23	信号蝶阀	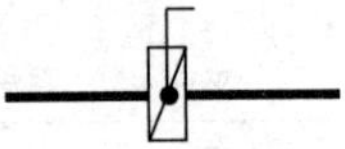	—
24	消防炮	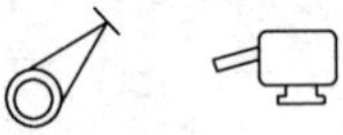 平面 系统	—
25	水流指示器		—
26	水力警铃		—

续表

序号	名 称	图 例	备 注
27	末端试水装置	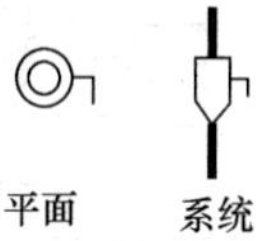 平面 系统	—
28	手提式灭火器		—
29	推车式灭火器	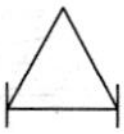	—

注：1. 分区管道用加注角标方式表示。

2. 建筑灭火器的设计图例可按照现行国家标准《建筑灭火器配置设计规范》GB 50140—2005 的规定确定。

（8）卫生设备及水池的图例宜符合表 1-22 的要求。

卫生设备及水池的图例 **表 1-22**

序号	名 称	图 例	备 注
1	立式洗脸盆		—
2	台式洗脸盆	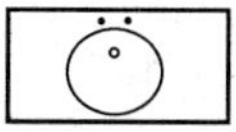	—
3	挂式洗脸盆	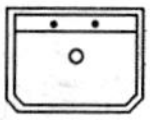	—
4	浴盆	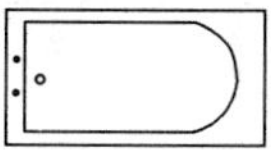	—
5	化验盆、洗涤盆		—

续表

序号	名 称	图 例	备 注
6	厨房洗涤盆	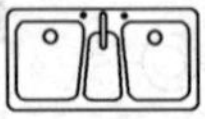	不锈钢制品
7	带沥水板洗涤盆	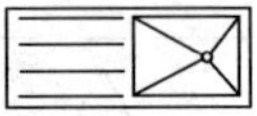	—
8	盥洗槽	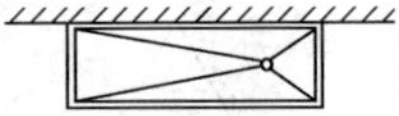	—
9	污水池		—
10	妇女净身盆	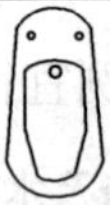	—
11	立式小便器	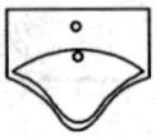	—
12	壁挂式小便器		—
13	蹲式大便器	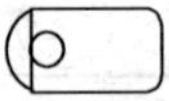	—
14	坐式大便器	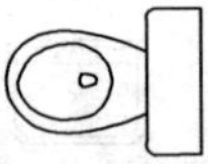	—
15	小便槽		—
16	淋浴喷头		—

注：卫生设备图例也可以建筑专业资料图为准。

（9）小型给水排水构筑物的图例宜符合表 1-23 的要求。

小型给水排水构筑物图例 **表 1-23**

序号	名 称	图 例	备 注
1	矩形化粪池	HC	HC 为化粪池
2	隔油池	YC	YC 为隔油池代号
3	沉淀池	CC	CC 为沉淀池代号
4	降温池	JC	JC 为降温池代号
5	中和池	ZC	ZC 为中和池代号
6	雨水口（单箅）		—
7	雨水口（双箅）		—
8	阀门井及检查井	J-×× W-×× Y-××　J-×× W-×× Y-××	以代号区别管道
9	水封井		—
10	跌水井		—
11	水表井		—

（10）给水排水设备的图例宜符合表 1-24 的要求。

给水排水设备图例 **表 1-24**

序号	名　称	图　例	备　注
1	卧式水泵	 或 平面　系统	—
2	立式水泵	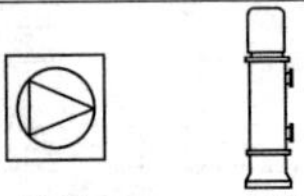 平面　系统	—
3	潜水泵	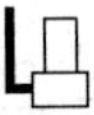	—
4	定量泵		—
5	管道泵		—
6	卧式容积热交换器	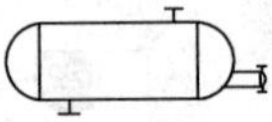	—
7	立式容积热交换器	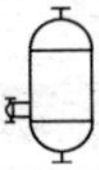	—
8	快速管式热交换器	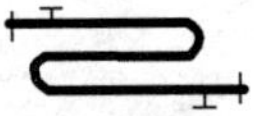	—
9	板式热交换器	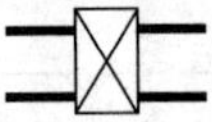	—
10	开水器	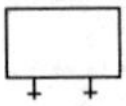	—
11	喷射器	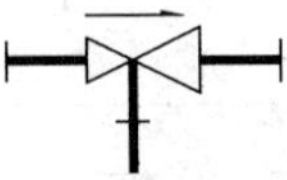	小三角为进水端
12	除垢器		—

续表

序号	名　称	图　例	备　注
13	水锤消除器		—
14	搅拌器	M	—
15	紫外线消毒器	ZWX	—

（11）给水排水专业所用仪表的图例宜符合表 1-25 的要求。

仪 表 图 例　　　　表 1-25

序号	名　称	图　例	备　注
1	温度计		—
2	压力表		—
3	自动记录 压力表		—
4	压力控制器		—
5	水表		—
6	自动记录流量表		—

续表

序号	名 称	图 例	备 注
7	转子流量计	平面 系统	—
8	真空表		—
9	温度传感器	T	—
10	压力传感器	P	—
11	pH 传感器	pH	—
12	酸传感器	H	—
13	碱传感器	Na	—
14	余氯传感器	Cl	—

（12）《建筑给水排水制图标准》GB/T 50106—2010 未列出的管道、设备、配件等图例，设计人员可自行编制并作说明，但不得与《建筑给水排水制图标准》GB/T 50106—2010 相关图例重复或混淆。

1.3.2 暖通空调识图常用图例

1. 水、汽管道

（1）水、汽管道可用线型区分，也可用代号区分。水、汽管道代号宜按表 1-26 采用。

水、汽管道代号　　表 1-26

序号	代号	管道名称	备　注
1	RG	采暖热水供水管	可附加 1、2、3 等表示一个代号、不同参数的多种管道
2	RH	采暖热水回水管	可通过实线、虚线表示供、回关系省略字母 G、H
3	LG	空调冷水供水管	—
4	LH	空调冷水回水管	—
5	KRG	空调热水供水管	—
6	KRH	空调热水回水管	—
7	LRG	空调冷、热水供水管	—
8	LRH	空调冷、热水回水管	—
9	LQG	冷却水供水管	—
10	LQH	冷却水回水管	—
11	n	空调冷凝水管	—
12	PZ	膨胀水管	—
13	BS	补水管	—
14	X	循环管	—
15	LM	冷媒管	—
16	YG	乙二醇供水管	—
17	YH	乙二醇回水管	—
18	BG	冰水供水管	—
19	BH	冰水回水管	—
20	ZG	过热蒸汽管	—
21	ZB	饱和蒸汽管	可附加 1、2、3 等表示一个代号、不同参数的多种管道
22	Z2	二次蒸汽管	—
23	N	凝结水管	—
24	J	给水管	—
25	SR	软化水管	—
26	CY	除氧水管	—

续表

序号	代号	管道名称	备　注
27	GG	锅炉进水管	—
28	JY	加药管	—
29	YS	盐溶液管	—
30	XI	连续排污管	—
31	XD	定期排污管	—
32	XS	泄水管	—
33	YS	溢水（油）管	—
34	R_1G	一次热水供水管	—
35	R_1H	一次热水回水管	—
36	F	放空管	—
37	FAQ	安全阀放空管	—
38	O1	柴油供油管	—
39	O2	柴油回油管	—
40	OZ1	重油供油管	—
41	OZ2	重油回油管	—
42	OP	排油管	—

（2）自定义水、汽管道代号不应与表 1-26 的规定矛盾，并应在相应图面说明。

（3）水、汽管道阀门和附件的图例宜按表 1-27 采用。

水、汽管道阀门和附件图例　　　表 1-27

序号	名　称	图　例	备　注
1	截止阀		—
2	闸阀		—
3	球阀		—
4	柱塞阀		—

续表

序号	名称	图例	备注
5	快开阀		—
6	蝶阀		
7	旋塞阀		—
8	止回阀		
9	浮球阀		—
10	三通阀		—
11	平衡阀		—
12	定流量阀		—
13	定压差阀		—
14	自动排气阀		—
15	集气罐、放气阀		—
16	节流阀		—
17	调节止回关断阀		水泵出口用
18	膨胀阀		—

续表

序号	名称	图例	备注
19	排入大气或室外		—
20	安全阀		—
21	角阀		—
22	底阀		—
23	漏斗		—
24	地漏		—
25	明沟排水		—
26	向上弯头		—
27	向下弯头		—
28	法兰封头或管封		—
29	上出三通		—
30	下出三通		—
31	变径管		—
32	活接头或法兰连接		—

续表

序号	名称	图例	备注
33	固定支架		—
34	导向支架		—
35	活动支架		—
36	金属软管		—
37	可屈挠橡胶软接头		—
38	Y形过滤器		—
39	疏水器		—
40	减压阀		左高右低
41	直通型（或反冲型）除污器		—
42	除垢仪	E	—
43	补偿器		—
44	矩形补偿器		—
45	套管补偿器		—
46	波纹管补偿器		—

续表

序号	名 称	图 例	备 注
47	弧形补偿器		—
48	球形补偿器		—
49	伴热管		—
50	保护套管		—
51	爆破膜		—
52	阻火器		—
53	节流孔板、减压孔板		—
54	快速接头		—
55	介质流向	→ 或 ⇒	在管道断开处时，流向符号宜标注在管道中心线上，其余可同管径标注位置
56	坡度及坡向	i=0.003 → 或 → i=0.003	坡度数值不宜与管道起、止点标高同时标注。标注位置同管径标注位置

2. 风道

（1）风道代号宜按表 1-28 采用。

风 道 代 号　　表 1-28

序号	代　号	管道名称	备　注
1	SF	送风管	—
2	HF	回风管	一、二次回风可附加 1、2 区别
3	PF	排风管	—
4	XF	新风管	—
5	PY	消防排烟风管	—
6	ZY	加压送风管	—
7	P（Y）	排风排烟兼用风管	—
8	XB	消防补风风管	—
9	S（B）	送风兼消防补风风管	—

（2）自定义风道代号不应与表 1-28 的规定矛盾，并应在相应图面说明。

（3）风道、阀门及附件的图例宜按表 1-29 采用。风口和附件代号宜按表 1-30 采用。

风道、阀门及附件图例　　表 1-29

序号	名　称	图　例	备　注
1	矩形风管	***×***	宽×高（mm）
2	圆形风管	ϕ***	ϕ直径（mm）
3	风管向上		—
4	风管向下		—
5	风管上升摇手弯		—

续表

序号	名　称	图　例	备　注
6	风管下降摇手弯		—
7	天圆地方		左接矩形风管，右接圆形风管
8	软风管		—
9	圆弧形弯头		—
10	带导流片的矩形弯头		—
11	消声器		
12	消声弯头		—
13	消声静压箱		—
14	风管软接头		—
15	对开多叶调节风阀		—
16	蝶阀		—

续表

序号	名 称	图 例	备 注
17	插板阀		—
18	止回风阀		—
19	余压阀	DPV DPV	—
20	三通调节阀		—
21	防烟、防火阀	*** ***	＊＊＊表示防烟、防火阀名称代号
22	方形风口		—
23	条缝形风口		—
24	矩形风口		—
25	圆形风口		—
26	侧面风口		—
27	防雨百叶		—

续表

序号	名称	图例	备注
28	检修门	 J J	—
29	气流方向		左为通用表示法，中表示送风，右表示回风
30	远程手控盒	B	防排烟用
31	防雨罩		—

风口和附件代号 **表 1-30**

序号	代号	图例	备注
1	AV	单层格栅风口，叶片垂直	—
2	AH	单层格栅风口，叶片水平	—
3	BV	双层格栅风口，前组叶片垂直	—
4	BH	双层格栅风口，前组叶片水平	—
5	C*	矩形散流器，*为出风面数量	—
6	DF	圆形平面散流器	—
7	DS	圆形凸面散流器	—
8	DP	圆盘形散流器	—
9	DX*	圆形斜片散流器，*为出风面数量	—
10	DH	圆环形散流器	—
11	E*	条缝形风口，*为条缝数	—
12	F*	细叶形斜出风散流器，*为出风面数量	—
13	FH	门铰形细叶回风口	—
14	G	扁叶形直出风散流器	—
15	H	百叶回风口	—
16	HH	门铰形百叶回风口	—

续表

序号	代号	图　　例	备　　注
17	J	喷口	—
18	SD	旋流风口	—
19	K	蛋格形风口	—
20	KH	门铰形蛋格式回风口	—
21	L	花板回风口	—
22	CB	自垂百叶	—
23	N	防结露送风口	冠于所用类型风口代号前
24	T	低温送风口	冠于所用类型风口代号前
25	W	防雨百叶	—
26	B	带风口风箱	—
27	D	带风阀	—
28	F	带过滤网	—

3. 暖通空调设备

暖通空调设备的图例宜按表1-31采用。

暖通空调设备图例　　**表1-31**

序号	名　称	图　　例	备　　注
1	散热器及手动放气阀	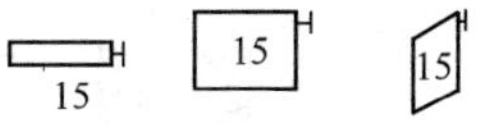 15　15　15	左为平面图画法，中为剖面图画法，右为系统图（Y轴侧）画法
2	散热器及温控阀	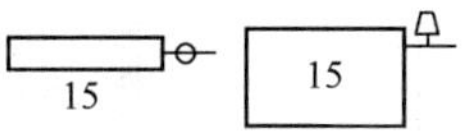 15　15	—
3	轴流风机	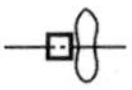	—
4	轴（混）流式管道风机	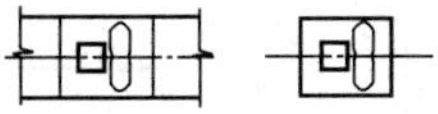	—

续表

序号	名 称	图 例	备 注
5	离心式管道风机	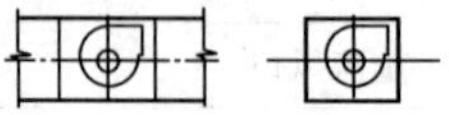	—
6	吊顶式排气扇		—
7	水泵	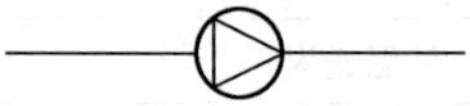	—
8	手摇泵	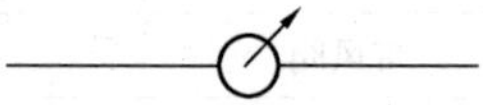	—
9	变风量末端	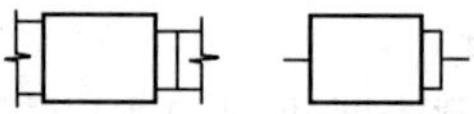	—
10	空调机组加热、冷却盘管		从左到右分别为加热、冷却及双功能盘管
11	空气过滤器	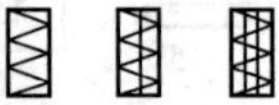	从左至右分别为粗效、中效及高效
12	挡水板		—
13	加湿器	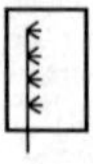	—
14	电加热器	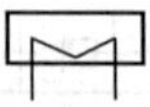	—

续表

序号	名　称	图　例	备　注
15	板式换热器	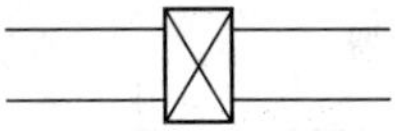	—
16	立式明装风机盘管		—
17	立式暗箱风机盘管		—
18	卧式明装风机盘管	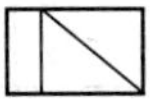	—
19	卧式暗装风机盘管	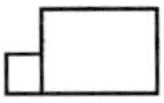	—
20	窗式空调器	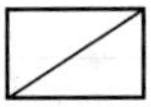	—
21	分体空调器	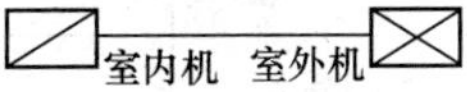 室内机　室外机	—
22	射流诱导风机	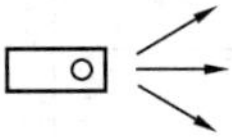	—
23	减振器		左为平面图画法，右为剖面图画法

4. 调控装置及仪表

调控装置及仪表的图例宜按表 1-32 采用。

调控装置及仪表图例　　表 1-32

序号	名　称	图例
1	温度传感器	T
2	湿度传感器	H

续表

序号	名　　称	图例
3	压力传感器	P
4	压差传感器	ΔP
5	流量传感器	F
6	烟感器	S
7	流量开关	FS
8	控制器	C
9	吸顶式温度感应器	T
10	温度计	
11	压力表	
12	流量计	F.M
13	能量计	E.M
14	弹簧执行机构	
15	重力执行机构	
16	记录仪	

续表

序号	名　称	图例
17	电磁（双位）执行机构	⊠
18	电动（双位）执行机构	□
19	电动（调节）执行机构	○
20	气动执行机构	
21	浮力执行机构	
22	数字输入量	DI
23	数字输出量	DO
24	模拟输入量	AI
25	模拟输出量	AO

注：各种执行机构可与风阀、水阀组合表示相应功能的控制阀门。

1.4 图样画法

1.4.1 给水排水图样画法

1. 一般规定

（1）图纸幅面规格、字体、符号等均应符合现行国家标准《房屋建筑制图统一标准》GB/T 50001—2010 的有关规定。图样图线、比例、管径、标高和图例等应符合标准的有关规定。

（2）设计应以图样表示，当图样无法表示时可加注文字说明。设计图纸表示的内容应满足相应设计阶段的设计深度要求。

（3）对于设计依据、管道系统划分、施工要求、验收标准等在图样中无法表示的内容，应按下列规定，用文字说明。

1）有关项目的问题，施工图阶段应在首页或次页编写设计施工说明时集中说明。

2）图样中的局部问题，应在本张图纸内以附注形式予以说明。

3）文字说明应条理清晰、简明扼要、通俗易懂。

（4）设备和管道的平面布置、剖面图均应符合现行国家标准《房屋建筑制图统一标准》GB/T 50001—2010 的规定，并应按直接正投影法绘制。

（5）工程设计中，本专业的图纸应单独绘制。在同一个工程项目的设计图纸中，所用的图例、术语、图线、字体、符号、绘图表示方式等应一致。

（6）在同一个工程子项目的设计图纸中，所用的图纸幅面规格应一致。如有困难时，其图纸幅面规格不宜超过 2 种。

（7）尺寸的数字和计量单位应符合下列规定：

1）图样中尺寸的数字、排列、布置及标注，应符合现行国家标准《房屋建筑制图统一标准》GB/T 50001—2010 的规定。

2）单体项目平面图、剖面图、详图、放大图、管径等尺寸应以 mm 表示。

3）标高、距离、管长、坐标等应以 m 计，精确度可取至 cm。

（8）标高和管径的标注应符合下列规定：

1）单体建筑应标注相对标高，并应注明相对标高与绝对标高的换算关系。

2）总平面图应标注绝对标高，宜注明标高体系。

3）压力流管道应标注管道中心。

4）重力流管道应标注管道内底。

5）横管的管径宜标注在管道的上方；竖向管道的管径宜标注在管道的左侧。斜向管道应按现行国家标准《房屋建筑制图统一标准》GB/T 50001—2010 的规定标注。

（9）工程设计图纸中的主要设备器材表的格式，可按图 1-29 绘制。

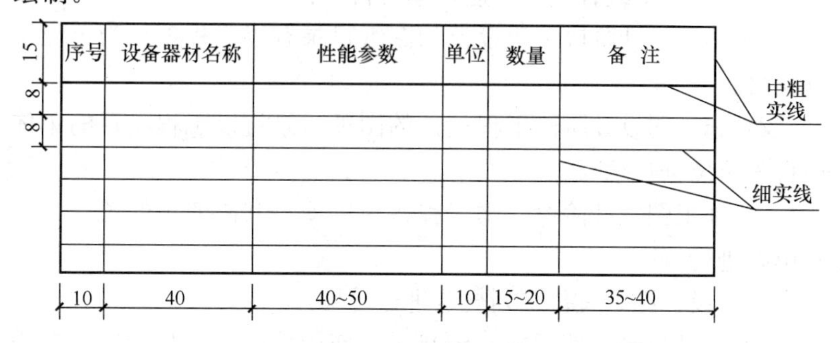

图 1-29　主要设备器材表

2. 图号和图纸编排

（1）设计图纸宜按下列规定进行编号：

1）规划设计阶段宜以水规－1、水规－2……以此类推表示。

2）初步设计阶段宜以水初－1、水初－2……以此类推表示。

3）施工图设计阶段宜以水施－1、水施－2……以此类推表示。

4）单体项目只有一张图纸时，宜采用水初—全、水施—全表示，并宜在图纸图框线内的右上角标“全部水施图纸均在此页”字样（图 1-30）。

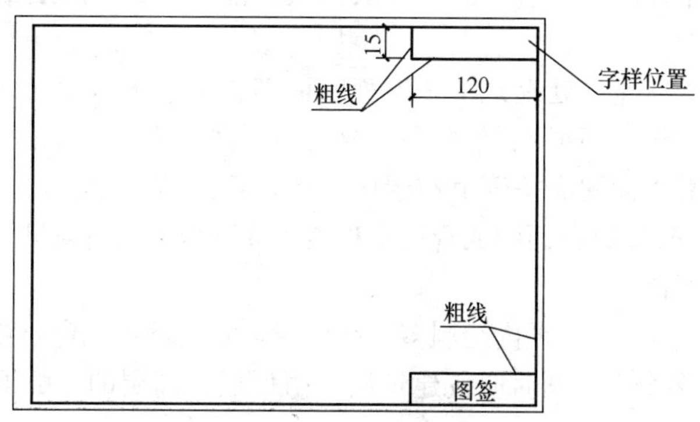

图 1-30　只有一张图纸时的右上角字样位置

5）施工图设计阶段，本工程各单体项目通用的统一详图宜以水通—1、水通—2……以此类推表示。

（2）设计图纸宜按下列规定编写目录：

1）初步设计阶段工程设计的图纸目录宜以工程项目为单位进行编写。

2）施工图设计阶段工程设计的图纸目录宜以工程项目的单体项目为单位进行编写。

3）施工图设计阶段，本工程各单体项目共同使用的统一详图宜单独进行编写。

（3）设计图纸宜按下列规定进行排列：

1）图纸目录、使用标准图目录、使用统一详图目录、主要设备器材表、图例和设计施工说明宜在前，设计图样宜在后。

2）图纸目录、使用标准图目录、使用统一详图目录、主要设备器材表、图例和设计施工说明在一张图纸内排列不完时，应按所述内容顺序单独成图和编号。

3）设计图样宜按下列规定进行排列：

① 管道系统图在前，平面图、放大图、剖面图、轴测图、详图依次在后编排。

② 管道展开系统图应按生活给水、生活热水、直饮水、中水、污水、废水、雨水、消防给水等依次编排。

③ 平面图中应按地面下各层依次在前，地面上各层由低向高依次编排。

④ 水净化（处理）工艺流程断面图在前，水净化（处理）机房（构筑物）平面图、剖面图、放大图、详图依次在后编排。

⑤ 总平面图应按管道布置图在前，管道节点图、阀门井剖面示意图、管道纵断面图或管道高程表、详图依次在后编排。

3. 图样布置

（1）同一张图纸内绘制多个图样时，宜按下列规定布置：

1）多个平面图时应按建筑层次由低层至高层的、由下而上的顺序布置。

2）既有平面图又有剖面图时，应按平面图在下，剖面图在上或在右的顺序布置。

3）卫生间放大平面图，应按平面放大图在上，从左向右排列，相应的管道轴测图在下，从左向右布置。

4）安装图、详图，宜按索引编号，并宜按从上至下、由左向右的顺序布置。

5）图纸目录、使用标准图目录、设计施工说明、图例、主要设备器材表，按自上而下、从左向右的顺序布置。

（2）每个图样均应在图样下方标注出图名，图名下应绘制一条中粗横线，长度应与图名长度相等，图样比例应标注在图名右下侧横线上侧处。

（3）图样中某些问题需要用文字说明时，应在图面的右下部位用“附注”的形式书写，并应对说明内容分条进行编号。

4. 总图

（1）总平面图管道布置应符合下列规定：

1）建筑物和构筑物的名称、外形、编号、坐标、道路形状、比例和图样方向等，应与总图专业图纸一致，但所用图线应符合标准规定。

2）给水、排水、热水、消防、雨水和中水等管道宜绘制在一张图纸内。

3）当管道种类较多，地形复杂，在同一张图纸内将全部管道表示不清楚时，宜按压力流管道、重力流管道等分类适当分开绘制。

4）各类管道、阀门井、消火栓（井）、水泵接合器、洒水栓井、检查井、跌水井、雨水口、化粪池、隔油池、降温池、水表井等，应按《建筑给水排水制图标准》GB/T 50106—2010 规定的图例、图线等进行绘制，并按标准规定进行编号。

5）坐标标注方法应符合下列规定：

① 以绝对坐标定位时，应对管道起点处、转弯处和终点处的阀门井、检查井等的中心标注定位坐标。

② 以相对坐标定位时，应以建筑物外墙或轴线作为定位起始基准线，标注管道与该基准线的距离。

③ 圆形构筑物应以圆心为基点标注坐标或距建筑物外墙（或

道路中心）的距离。

④ 矩形构筑物应以两对角线为基点，标注坐标或距建筑物外墙的距离。

⑤ 坐标线、距离标注线均采用细实线绘制。

6）标高标注方法应符合下列规定：

① 总图中标注的标高应为绝对标高。

② 建筑物标注室内±0.00 处的绝对标高时，应按图 1-31 的方法标注。

③ 管道标高应按《建筑给水排水制图标准》GB/T 50106—2010 规定标注。

图 1-31 室内±0.00 处的绝对标高标注

7）管径标注方法应符合下列规定：

① 管径代号应按《建筑给水排水制图标准》GB/T 50106—2010 的规定选用。

② 管径的标注方法应符合《建筑给水排水制图标准》GB/T 50106—2010 的规定。

8）指北针或风玫瑰图应绘制在总图管道布图图样的右上角。

（2）给水管道节点图宜按下列规定绘制：

1）管道节点图可不按比例绘制，但节点位置、编号、接出管方向应与给水排水管道总图一致。

2）管道应注明管径、管长及泄水方向。

3）节点阀门井的绘制应包括下列内容：

① 节点平面形状和大小。

② 阀门和管件的布置、管径及连接方式。

③ 节点阀门井中心与井内管道的定位尺寸。

4）必要时，节点阀门井应绘制剖面示意图。

5）给水管道节点图图样如图 1-32 所示。

（3）总图管道布置图上标注管道标高宜符合下列规定：

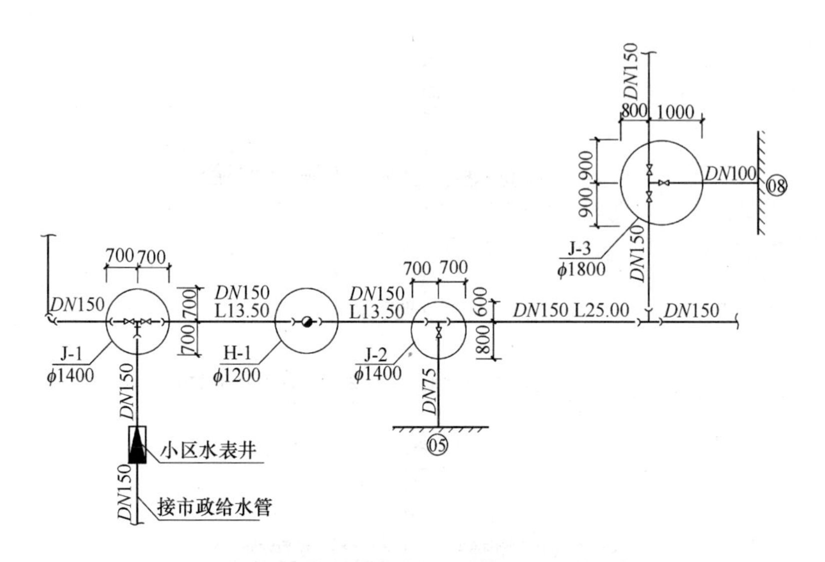

图 1-32 给水管道节点图图样

1）检查井上、下游管道管径无变径，且无跌水时，宜按图1-33的方式标注。

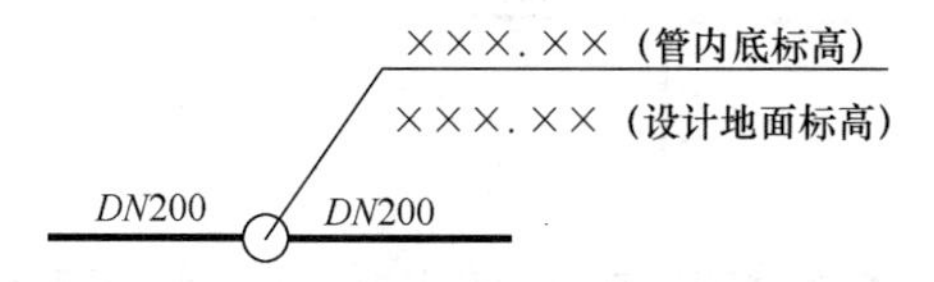

图 1-33 检查井上、下游管道管径无变径且无跌水时管道标高标注

2）检查井内上、下游管道的管径有变化或有跌水时，宜按图1-34 的方式标注。

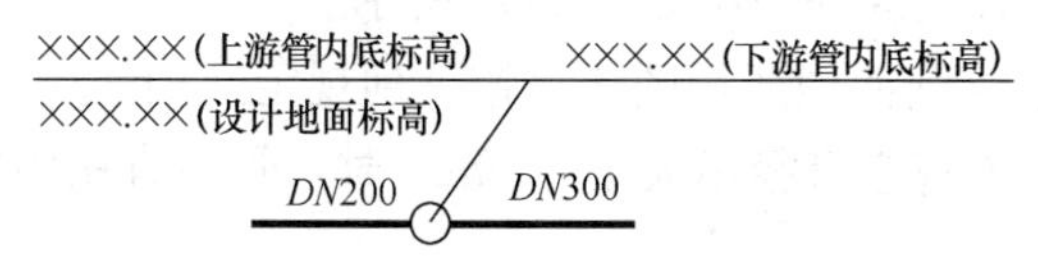

图 1-34 检查井上、下游管道的管径有变化或有跌水时管道标高标注

3）检查井内一侧有支管接入时，宜按图 1-35 的方式标注。

4）检查井内两侧均有支管接入时，宜按图 1-36 方式标注。

（4）设计采用管道纵断面图的方式表示管道标高时，管道纵断面图宜按下列规定绘制：

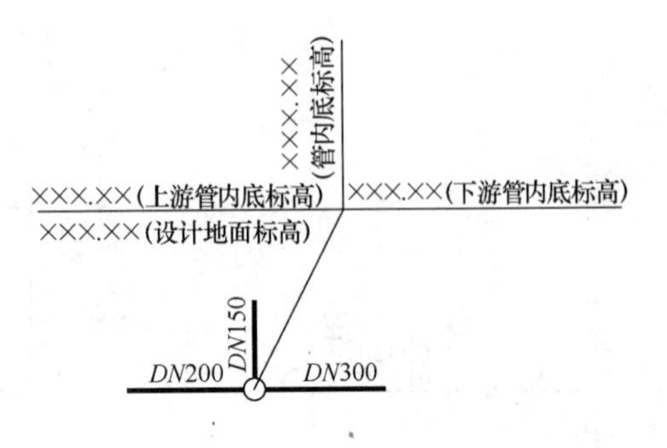

图 1-35　检查井内一侧有支管接入时管道标高标注

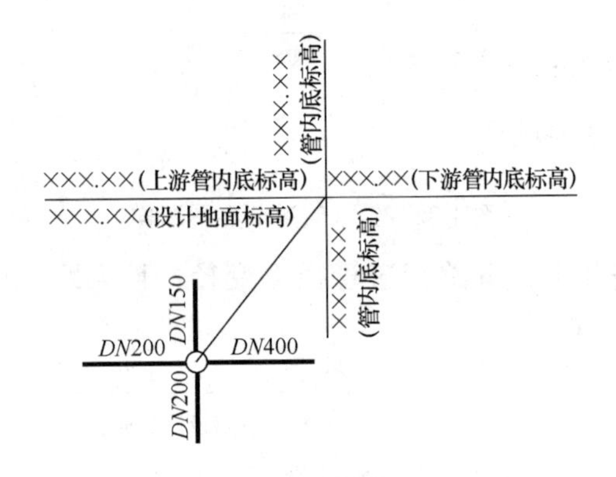

图 1-36　检查井内两侧均有支管接入时管道标高标注

1）采用管道纵断面图表示管道标高时应包括下列图样及内容：

① 压力流管道纵断面图如图 1-37 所示。

② 重力管道纵断面图如图 1-38 所示。

2）管道纵断面图所用图线宜按下列规定选用：

① 压力流管道管径不大于 400mm 时，管道宜用中粗实线单线表示。

② 重力流管道除建筑物排出管外，不分管径大小均宜以图 1-38污水（雨水）管道纵断面图（纵向 1∶500，竖向 1∶50）中粗实线双线表示。

③ 图样中平面示意图栏中的管道宜用中粗单线表示。

④ 平面示意图中宜将与该管道相交的其他管道、管沟、铁路

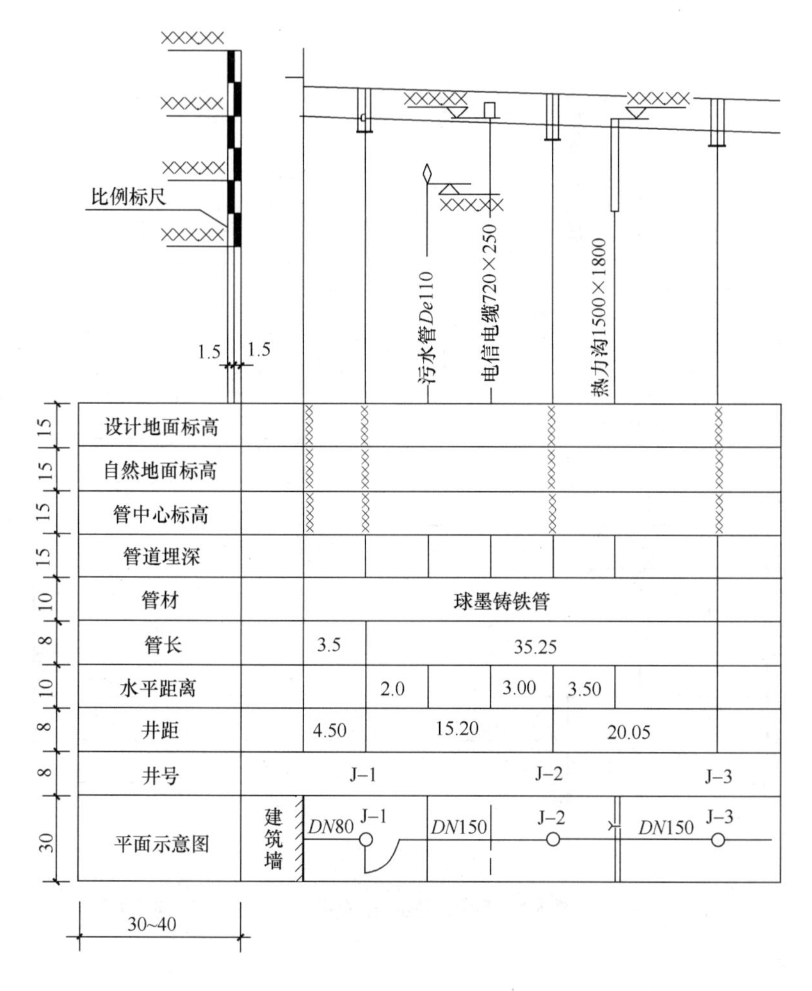

图 1-37 压力流管道纵断面图（纵向 1∶500，竖向 1∶50）

及排水沟等按交叉位置给出。

⑤ 设计地面线、竖向定位线、栏目分隔线、检查井、标尺线等宜用细实线，自然地面线宜用细虚线。

3）图样比例宜按下列规定选用：

① 在同一图样中可采用两种不同的比例。

② 纵向比例应与管道平面图一致。

③ 竖向比例宜为纵向比例的 1/10，并应在图样左端绘制比例

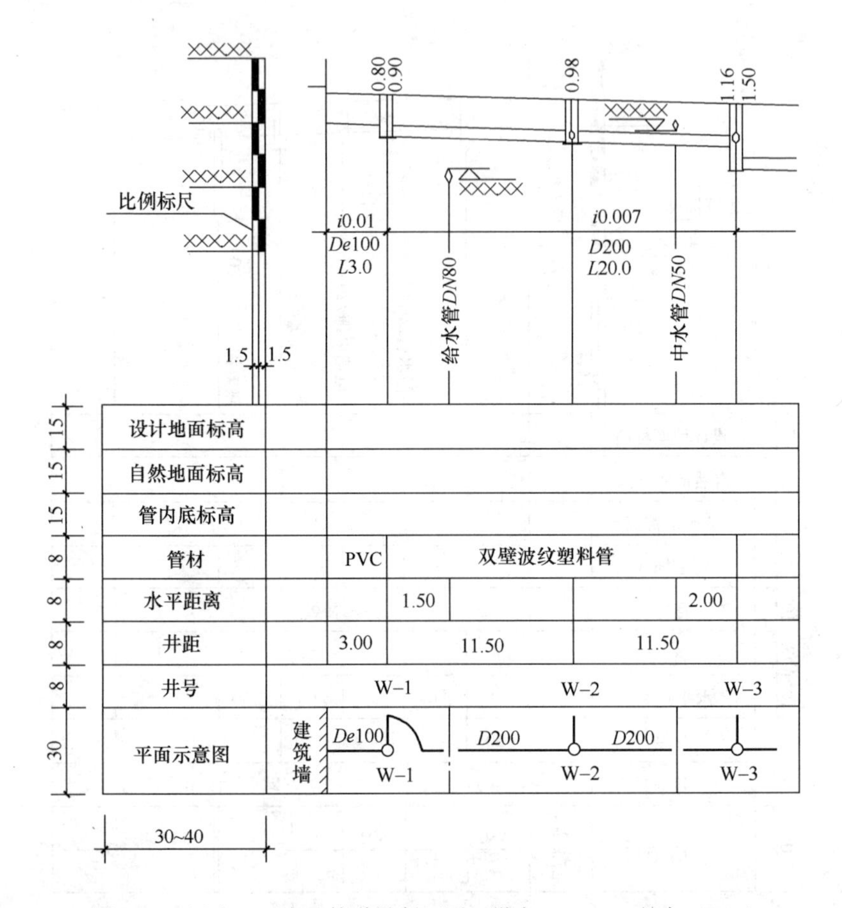

图 1-38　污水（雨水）管道纵断面图（纵向 1∶500，竖向 1∶50）

标尺。

4）绘制与管道相交叉管道的标高宜按下列规定标注：

① 交叉管道位于该管道上面时，宜标注交叉管的管底标高。

② 交叉管道位于该管道下面时，宜标注交叉管的管顶或管底标高。

5）图样中的“水平距离”栏中应标出交叉管距检查井或阀门井的距离，或相互间的距离。

6）压力流管道从小区引入管，经水表后应按供水水流方向先干管后支管的顺序绘制。

7）排水管道以小区内最起端排水检查井为起点，并应按排水水流方向先干管后支管的顺序绘制。

（5）设计采用管道高程表的方法表示管道标高时，宜符合下列规定：

1）重力流管道也可采用管道高程表的方式表示管道敷设标高。

2）管道高程表的格式见表 1-33。

××管道高程表 **表 1-33**

序号	管段编号		管长（m）	管径（mm）	坡度（%）	管底坡降（m）	管底跌落（m）	设计地面标高（m）		管内底标高（m）		埋深（m）		备注
	起点	终点						起点	终点	起点	终点	起点	终点	

5. 建筑给水排水平面图

（1）建筑给水排水平面图应按下列规定绘制：

1）建筑物轮廓线、轴线号、房间名称、楼层标高、门、窗、梁柱、平台和绘图比例等，均应与建筑专业一致，但图线应用细实线绘制。

2）各类管道、用水器具和设备、消火栓、喷洒水头、雨水斗、立管、管道、上弯或下弯以及主要阀门、附件等，均应按标准规定的图例，以正投影法绘制在平面图上，管道种类较多，在一张平面图内表达不清楚时，可将给水排水、消防或直饮水管分开绘制相应的平面图。

3）各类管道应标注管径和管道中心距建筑墙、柱或轴线的定位尺寸，必要时还应标注管道标高。

4）管道立管应按不同管道代号在图面上自左至右按标准的规定分别进行编号，且不同楼层同一立管编号应一致。消火栓也可分楼层自左至右按顺序进行编号。

5）敷设在该层的各种管道和为该层服务的压力流管道均应绘制在该层的平面图上；敷设在下一层而为本层器具和设备排水服务的污水管、废水管和雨水管应绘制在本层平面图上。如有地下层时，各种排出管、引入管可绘制在地下层平面图上。

6）设备机房、卫生间等另绘制放大图时，应在这些房间内按现行国家标准《房屋建筑制图统一标准》GB/T 50001—2010 的规定绘制引出线，并应在引出线上面注明“详见水施－××”字样。

7）平面图、剖面图中局部部位需另绘制详图时，应在平面图、剖面图和详图上按现行国家标准《房屋建筑制图统一标准》GB/T 50001—2010 的规定绘制被索引详图图样和编号。

8）引入管、排出管应注明与建筑轴线的定位尺寸、穿建筑外墙的标高和防水套管形式，并应按《建筑给水排水制图标准》GB/T 50106—2010 的规定，以管道类别自左至右按顺序进行编号。

9）管道布置不相同的楼层应分别绘制其平面图；管道布置相同的楼层可绘制一个楼层的平面图，并按现行国家标准《房屋建筑制图统一标准》GB/T 50001—2010 的规定标注楼层地面标高。平面图应按《建筑给水排水制图标准》GB/T 50106—2010 的规定标注管径、标高和定位尺寸。

10）地面层（±0.000）平面图应在图幅的右上方按现行国家标准《房屋建筑制图统一标准》GB/T 50001—2010 的规定绘制指北针。

11）建筑专业的建筑平面图采用分区绘制时，本专业的平面图也应分区绘制，分区部位和编号应与建筑专业一致，并应绘制分区组合示意图，各区管道相连但在该区中断时，第一区应用“至水施－××”，第二区左侧应用“自水施－××”，右侧应用“至水施－××”方式表示，并应以此类推。

12）建筑各楼层地面标高应以相对标高标注，并应与建筑专业一致。

（2）屋面给水排水平面图应按下列规定绘制：

1）屋面形状、伸缩缝或沉降位置、图面比例、轴线号等应与建筑专业一致，但图线应采用细实线绘制。

2）同一建筑的楼层面如有不同标高时，应分别注明不同高度屋面的标高和分界线。

3）屋面应绘制出雨水汇水天沟、雨水斗、分水线位置、屋面坡向、每个雨水斗的汇水范围，以及雨水横管和主管等。

4）雨水斗应进行编号，每只雨水斗宜注明汇水面积。

5）雨水管应标注管径、坡度。如雨水管仅绘制系统原理图时，应在平面图上标注雨水管起始点及终止点的管道标高。

6）屋面平面图中还应绘制污水管、废水管、污水潜水泵坑等通气立管的位置，并应注明立管编号。当某标高层屋面设有冷却塔时，应按实际设计数量表示。

6. 管道系统图

（1）管道系统图应表示出管道内的介质流经的设备、管道、附件、管件等连接和配置情况。

（2）管道展开系统图应按下列规定绘制：

1）管道展开系统图可不受比例和投影法则限制，可按展开图绘制方法按不同管道种类分别用中粗实线进行绘制，并应按系统编号。一般高层建筑和大型公共建筑宜绘制管道展开系统图。

2）管道展开系统图应与平面图中的引入管、排出管、立管、横干管、给水设备、附件、仪器仪表及用水和排水器具等要素相对应。

3）应绘出楼层（含夹层、跃层、同层升高或下降等）地面线。层高相同时楼层地面线应等距离绘制，并应在楼层地面线左端标注楼层层次和相对应楼层地面标高。

4）立管排列应以建筑平面图左端立管为起点，顺时针方向自左向右按立管位置及编号依次顺序排列。

5）横管应与楼层线平行绘制，并应与相应立管连接，为环状管道时两端应封闭，封闭线处宜绘制轴线号。

6）立管上的引出管和接入管应按所在楼层用水平线绘出，可不标注标高（标高应在平面图中标注），其方向、数量应与平面图一致，为污水管、废水管和雨水管时，应按平面图接管顺序对应排列。

7）管道上的阀门、附件，给水设备、给水排水设施和给水构筑物等，均应按图例示意绘出。

8）立管偏置（不含乙字管和 2 个 45 弯头偏置）时，应在所在楼层用短横管表示。

9）立管、横管及末端装置等应标注管径。

10）不同类别管道的引入管或排出管，应绘出所穿建筑外墙的轴线号，并应标注出引入管或排出管的编号。

（3）管道轴测系统图应按下列规定绘制：

1）轴测系统图应以 45°正面斜轴测的投影规则绘制。

2）轴测系统图应采用与相对应的平面图相同的比例绘制。当局部管道密集或重叠处不容易表达清楚时，应采用断开绘制画法，也可采用细虚线连接画法绘制。

3）轴测系统图应绘出楼层地面线，并应标注出楼层地面标高。

4）轴测系统图应绘出横管水平转弯方向、标高变化、接入管或接出管以及末端装置等。

5）轴测系统图应将平面图中对应的管道上的各类阀门、附件、仪表等给水排水要素按数量、位置、比例一一绘出。

6）轴测系统图应标注管径、控制点标高或距楼层面垂直尺寸、立管和系统编号，并应与平面图一致。

7）引入管和排出管均应标出所穿建筑外墙的轴线号、引入管和排出管编号、建筑室内地面线与室外地面线，并应标出相应标高。

8）卫生间放大图应绘制管道轴测图。多层建筑宜绘制管道轴测系统图。

（4）卫生间采用管道展开系统图时应按下列规定绘制：

1）给水管、热水管应以立管或入户管为基点，按平面图的分支、用水器具的顺序依次绘制。

2）排水管道应按用水器具和排水支管接入排水横管的先后顺

序依次绘制。

3）卫生器具、用水器具给水和排水接管，应以其外形或文字形式予以标注，其顺序、数量应与平面图相同。

4）展开系统图可不按比例绘图。

7. 局部平面放大图、剖面图

（1）局部平面放大图应按下列规定绘制：

1）专业设备机房、局部给水排水设施和卫生间等按《建筑给水排水制图标准》GB/T 50106—2010 规定的平面图难以表达清楚时，应绘制局部平面放大图。

2）局部平面放大图应将设计选用的设备和配套设施，按比例全部用细实线绘制出其外形或基础外框、配电、检修通道、机房排水沟等平面布置图和平面定位尺寸，对设备、设施及构筑物等应按《建筑给水排水制图标准》GB/T 50106—2010 的规定自左向右、自上而下的进行编号。

3）应按图例绘出各种管道与设备、设施及器具等相互接管关系及在平面图中的平面定位尺寸；如管道用双线绘制时应采用中粗实线按比例绘出，管道中心线应用单点长画细线表示。

4）各类管道上的阀门、附件应按图例、按比例、按实际位置绘出，并应标注出管径。

5）局部平面放大图应以建筑轴线编号和地面标高定位，并应与建筑平面图一致。

6）绘制设备机房平面放大图时，应在图签的上部绘制“设备编号与名称对照表”（图 1-39）。

7）卫生间如绘制管道展开系统图时，应标出管道的标高。

（2）剖面图应按下列规定绘制：

1）设备、设施数量多，各类管道重叠、交叉多，且用轴测图难以表示清楚时，应绘制剖面图。

2）剖面图的建筑结构外形应与建筑结构专业一致，应用细实线绘制。

3）剖面图的剖切位置应选在能反映设备、设施及管道全貌的部位。剖切线、投射方向、剖切符号编号、剖切线转折等，应符合

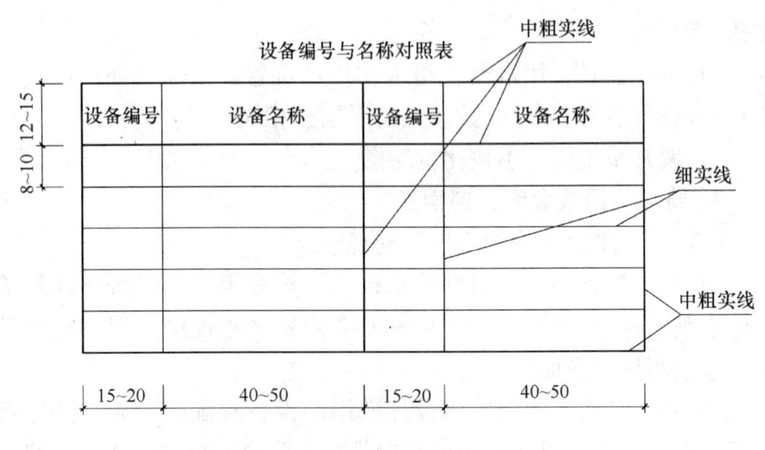

图 1-39 设备编号与名称对照表

现行国家标准《房屋建筑制图统一标准》GB/T 50001—2010 的规定。

4）剖面图应在剖切面处按直接正投影法绘制出沿投影方向看到的设备和设施的形状、基础形式、构筑物内部的设备设施和不同水位线标高、设备设施和构筑物各种管道连接关系、仪器仪表的位置等。

5）剖面图还应表示出设备、设施和管道上的阀门、附件和仪器仪表等位置及支架（或吊架）形式。剖面图局部部位需要另绘详图时，应标注索引符号，索引符号应按现行国家标准《房屋建筑制图统一标准》GB/T 50001—2010 的规定绘制。

6）应标注出设备、设施、构筑物、各类管道的定位尺寸、标高、管径，以及建筑结构的空间尺寸。

7）仅表示某楼层管道密集处的剖面图，宜绘制在该层平面图内。

8）剖切线应用中粗线，剖切面编号应用阿拉伯数字从左至右顺序编号，剖切编号应标注在剖切线一侧，剖切编号所在侧应为该剖切面的剖示方向。

（3）安装图和详图应按下列规定绘制：

1）无定型产品可供设计选用的设备、附件、管件等应绘制制造详图。无标准图可供选用的用水器具安装图、构筑物节点图等，也应绘制施工安装图。

2）设备、附件、管件等制造详图，应以实际形状绘制总装图，并应对各零部件进行编号，再对零部件绘制制造图。该零部件下面或左侧应绘制包括编号、名称、规格、材质、数量、重量等内容的材料明细表；其图线、符号、绘制方法等应按现行国家标准《机械制图图样 画法 图线》GB/T 4457.4—2002、《机械制图 剖面符号》GB/T 4457.5—1984、《机械制图 装配图中零、部件序号及其编排方法》GB/T 4458.2—2003 的有关规定绘制。

3）设备及用水器具安装图应按实际外形绘制，对安装图各部件应进行编号，应标注安装尺寸代号，并应在该安装图右侧或下面绘制包括相应尺寸代号的安装尺寸表和安装所需的主要材料表。

4）构筑物节点详图应与平面图或剖面图中的索引号一致，对使用材质、构造做法、实际尺寸等应按现行国家标准《房屋建筑制图统一标准》GB/T 50001—2010 的规定绘制多层共用引出线，并应在各层引出线上方用文字进行说明。

8. 水净化处理流程图

（1）初步设计宜采用方框图绘制水净化处理工艺流程图（图 1-40）。

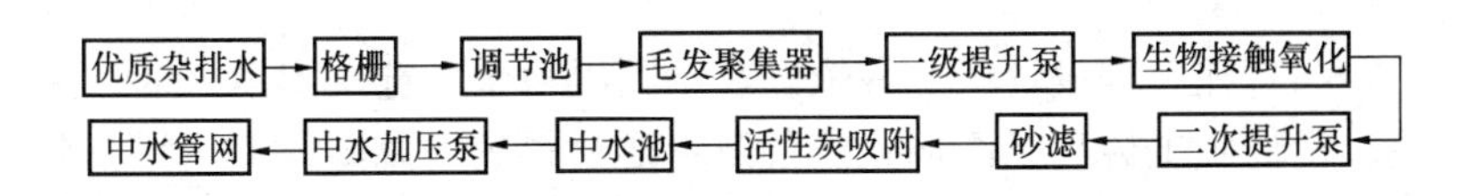

图 1-40　水净化处理工艺流程

（2）施工图设计应按下列规定绘制水净化处理工艺流程断面图：

1）水净化处理工艺流程断面图应按水流方向，将水净化处理各单元的设备、设施、管道连接方式按设计数量全部对应绘出，但可不按比例绘制。

2）水净化处理工艺流程断面图应将全部设备及相关设施按设

备形状、实际数量用细实线绘出。

3）水净化处理设备和相关设施之间的连接管道应以中粗实线绘制，设备和管道上的阀门、附件、仪器仪表应以细实线绘制，并应对设备、附件、仪器仪表进行编号。

4）水净化处理工艺流程断面图（图 1-41）应标注管道标高。

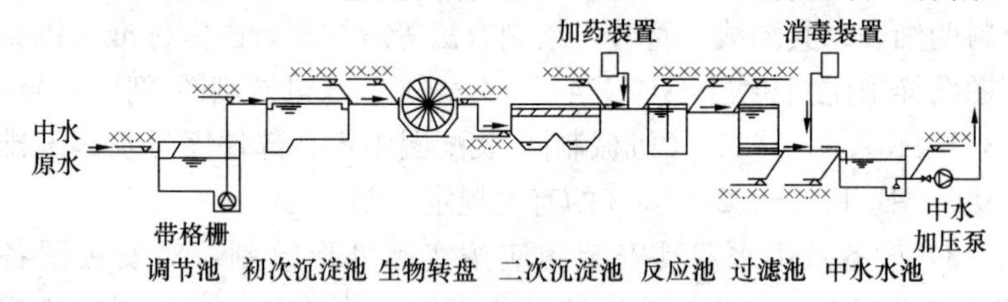

图 1-41　水净化处理工艺流程断面图画法示例

5）水净化处理工艺流程断面图应绘制设备、附件等编号与名称对照表。

1.4.2　暖通空调图样画法

1. 一般规定

（1）各工程、各阶段的设计图纸应满足相应的设计深度要求。

（2）设计图纸编号应独立。

（3）在同一套工程设计图纸中，图样线宽组、图例、符号等应一致。

（4）在工程设计中，宜依次表示图纸目录、选用图集（纸）目录、设计施工说明、图例、设备及主要材料表、总图、工艺图、系统图、平面图、剖面图、详图等，如单独成图时，其图纸编号应按所述顺序排列。

（5）图样需用的文字说明，宜以“注:”、“附注:”或“说明:”的形式在图纸右下方、标题栏的上方书写，并应用“1、2、3……”进行编号。

（6）一张图幅内绘制平、剖面等多种图样时，宜按平面图、剖面图、安装详图，从上至下、从左至右的顺序排列；当一张图幅绘有多层平面图时，宜按建筑层次由低至高，由下而上顺序排列。

（7）图纸中的设备或部件不便用文字标注时，可进行编号。图样中仅标注编号时，其名称宜以“注:”、“附注:”或“说明:”表示。如需表明其型号（规格）、性能等内容时，宜用“明细表”表示（图 1-42）。

（8）要求、数量、备注栏；材料表应至少包括序号（或编号）、材料名称、规格或物理性能、数量、单位、备注栏。

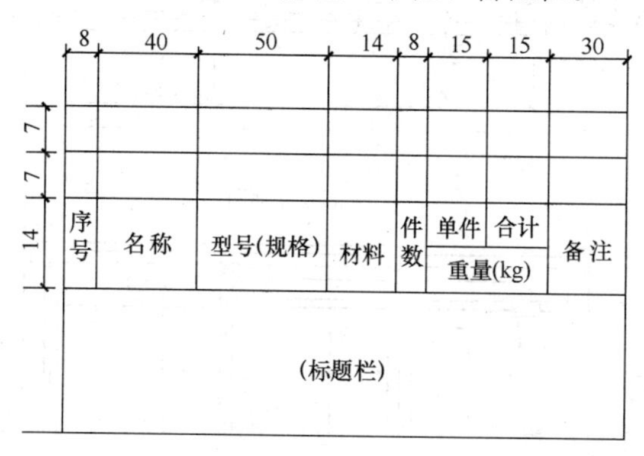

图 1-42　明细栏示例

2. 管道和设备布置平面图、剖面图及详图

（1）管道和设备布置平面图、剖面图应以直接正投影法绘制。

（2）用于暖通空调系统设计的建筑平面图、剖面图，应用细实线绘出建筑轮廓线和与暖通空调系统有关的门、窗、梁、柱、平台等建筑构配件，并应标明相应定位轴线编号、房间名称、平面标高。

（3）管道和设备布置平面图应按假想除去上层板后俯视规则绘制，其相应的垂直剖面图应在平面图中标明剖切符号（图 1-43）。

（4）剖视的剖切符号应由剖切位置线、投射方向线及编号组成，剖切位置线和投射方向线均应以粗实线绘制。剖切位置线的长度宜为 6～10mm；投射方向线长度应短于剖切位置线，宜为 4～6mm；剖切位置线和投射方向线不应与其他图线相接触；编号宜用阿拉伯数字，并宜标在投射方向线的端部；转折的剖切位置线，宜在转角的外顶角处加注相应编号。

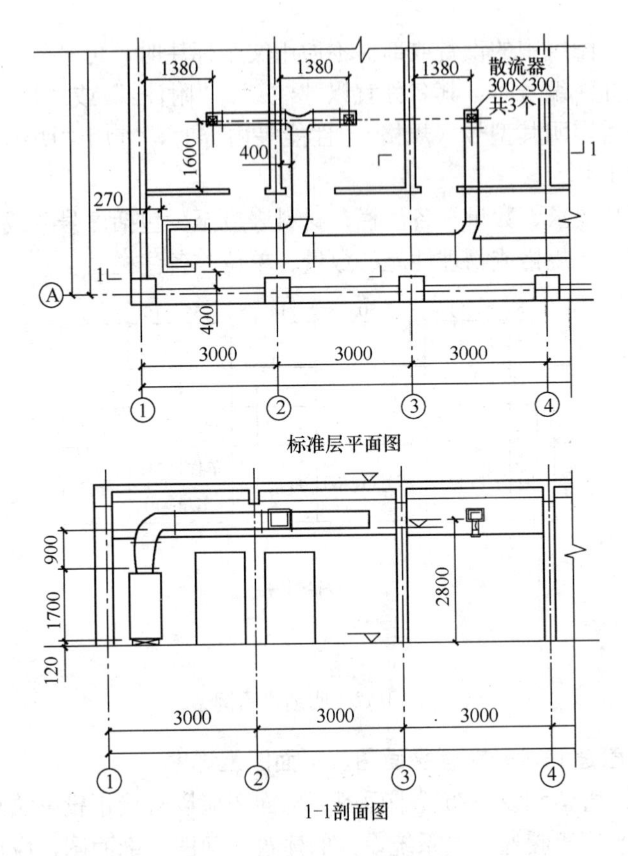

图 1-43　平、剖面图示例

（5）断面的剖切符号应用剖切位置线和编号表示。剖切位置线宜为长度 6～10mm 的粗实线；编号可用阿拉伯数字、罗马数字或小写拉丁字母，标在剖切位置线的一侧，并应表示投射方向。

（6）平面图上应标注设备、管道定位（中心、外轮廓）线与建筑定位（轴线、墙边、柱边、柱中）线间的关系；剖面图上应注出设备、管道（中、底或顶）标高。必要时，还应注出距该层楼（地）板面的距离。

（7）剖面图，应在平面图上选择反映系统全貌的部位垂直剖切后绘制。当剖切的投射方向为向下和向右，且不致引起误解时，可省略剖切方向线。

（8）建筑平面图采用分区绘制时，暖通空调专业平面图也可分区绘制。但分区部位应与建筑平面图一致，并应绘制分区组合示意图。

（9）除方案设计、初步设计及精装修设计外，平面图、剖面图中的水、汽管道可用单线绘制，风管不宜用单线绘制。

（10）平面图、剖面图中的局部需另绘详图时，应在平、剖面图上标注索引符号。索引符号的画法如图 1-44 所示。

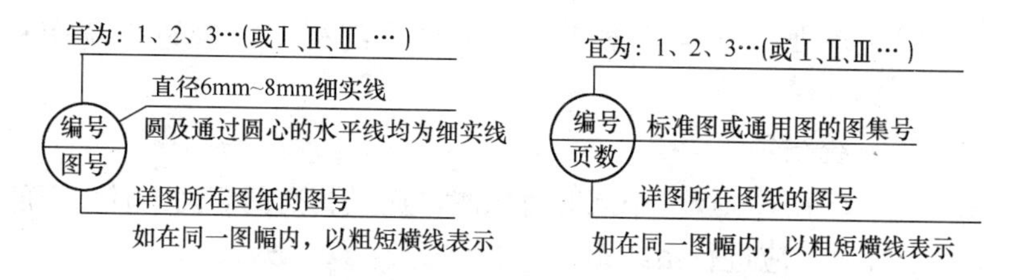

图 1-44　索引符号的画法

（11）当表示局部位置的相互关系时，在平面图上应标注内视符号（图 1-45）。

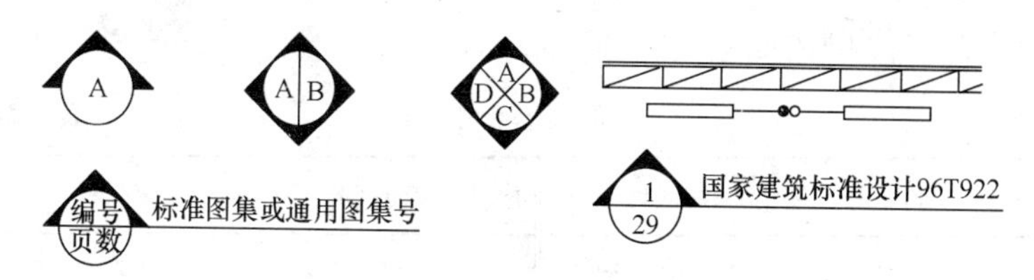

图 1-45　内视符号画法

3. 管道系统图、原理图

（1）管道系统图应能确认管径、标高及末端设备，可按系统编号分别绘制。

（2）管道系统图采用轴测投影法绘制时，宜采用与相应的平面图一致的比例，按正等轴测或正面斜二轴测的投影规则绘制，可按现行国家标准《房屋建筑制图统一标准》GB/T 50001—2010 绘制。

（3）在不致引起误解时，管道系统图可不按轴测投影法绘制。

（4）管道系统图的基本要素应与平、剖面图相对应。

（5）水、汽管道及通风、空调管道系统图均可用单线绘制。

（6）系统图中的管线重叠、密集处，可采用断开画法。断开处宜以相同的小写拉丁字母表示，也可用细虚线连接。

（7）室外管网工程设计宜绘制管网总平面图和管网纵剖面图。

（8）原理图可不按比例和投影规则绘制。

（9）原理图基本要素应与平面图、剖视图及管道系统图相对应。

4. 系统编号

（1）一个工程设计中同时有供暖、通风、空调等两个及以上的不同系统时，应进行系统编号。

（2）暖通空调系统编号、入口编号，应由系统代号和顺序号组成。

（3）系统代号用大写拉丁字母表示（见表 1-34），顺序号用阿拉伯数字表示如图 1-46 所示。当一个系统出现分支时，可采用图 1-46（*b*）的画法。

系 统 代 号 **表 1-34**

序号	字母代号	系统名称	序号	字母代号	系统名称
1	N	（室内）供暖系统	9	H	回风系统
2	L	制冷系统	10	P	排风系统
3	R	热力系统	11	XP	新风换气系统
4	K	空调系统	12	JY	加压送风系统
5	J	净化系统	13	PY	排烟系统
6	C	除尘系统	14	P（PY）	排风兼排烟系统
7	S	送风系统	15	RS	人防送风系统
8	X	新风系统	16	RP	人防排风系统

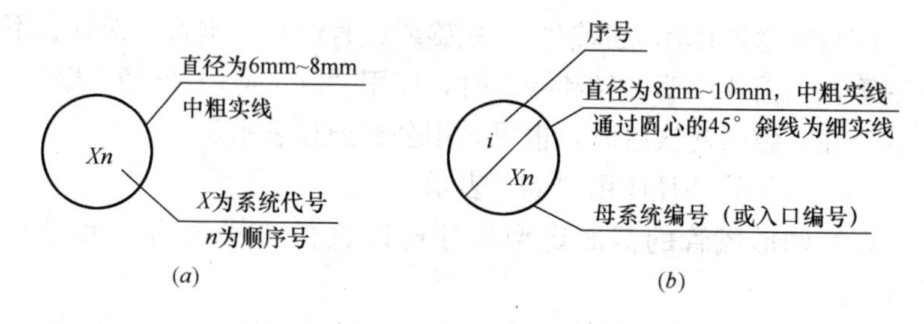

图 1-46　系统代号、编号的画法

（4）系统编号宜标注在系统总管处。

（5）竖向布置的垂直管道系统，应标注立管号（图 1-47）。在不致引起误解时，可只标注序号，但应与建筑轴线编号有明显区别。

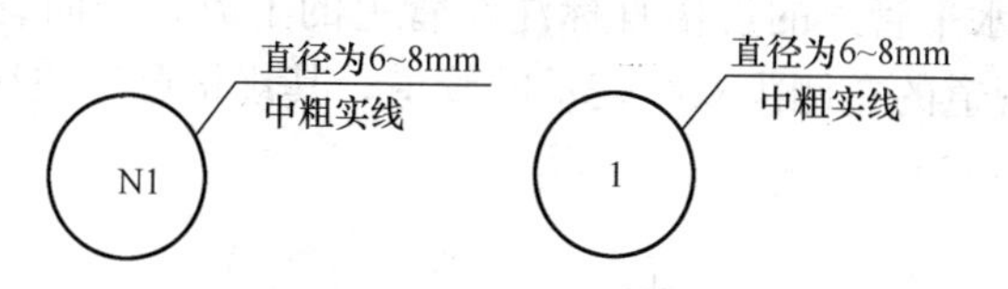

图 1-47　立管号的画法

5. 管道标高、管径压力、尺寸标注

（1）在无法标注垂直尺寸的图样中，应标注标高。标高应以 m 为单位，并应精确到 cm 或 mm。

（2）标高符号应以直角等腰三角形表示。当标准层较多时，可只标注与本层楼（地）板面的相对标高（图 1-48）。

（3）水、汽管道所注标高未予说明时，应表示为管中心标高。

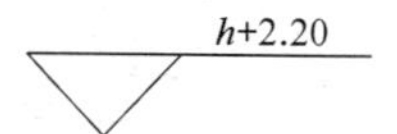

图 1-48　相对标高的画法

（4）水、汽管道标注管外底或顶标高时，应在数字前加“底”或“顶”字样。

（5）矩形风管所注标高应表示管底标高；圆形风管所注标高应表示管中心标高。当不采用此方法标注时，应进行说明。

（6）低压流体输送用焊接管道规格应标注公称通径或压力。公称通径的标记应由字母“*DN*”后跟一个以毫米表示的数值组成；公称压力的代号应为“*PN*”。

（7）输送流体用无缝钢管、螺旋缝或直缝焊接钢管、铜管、不锈钢管，当需要注明外径和壁厚时，应用“D（或ϕ）外径×壁厚”表示。在不致引起误解时，也可采用公称通径表示。

（8）塑料管外径应用“de”表示。

（9）圆形风管的截面定型尺寸应以直径“ϕ”表示，单位应为mm。

（10）矩形风管（风道）的截面定型尺寸应以“$A \times B$”表示。“A”应为该视图投影面的边长尺寸，“B”应为另一边尺寸。A、B单位均应为mm。

（11）平面图中无坡度要求的管道标高可标注在管道截面尺寸后的括号内。必要时，应在标高数字前加“底”或“顶”的字样。

（12）水平管道的规格宜标注在管道的上方；竖向管道的规格宜标注在管道的左侧。双线表示的管道，其规格可标注在管道轮廓线内（图1-49）。

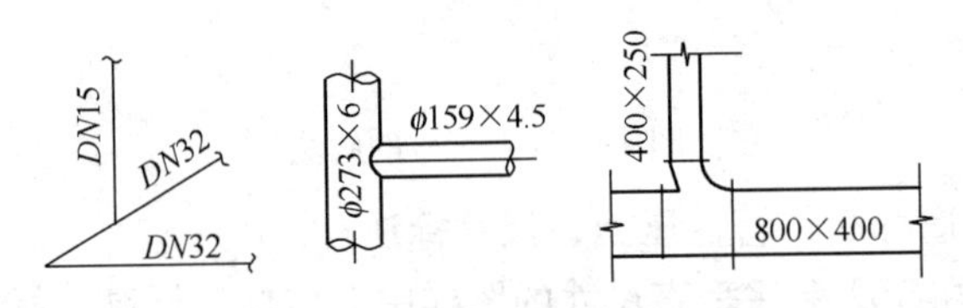

图1-49　管道截面尺寸的画法

（13）当斜管道不在图1-50所示30°范围内时，其管径（压力）、尺寸应平行标在管道的斜上方。不用图1-50的方法标注时，可用引出线标注。

（14）多条管线的规格标注方法如图1-51所示。

（15）风口表示方法如图1-52所示。

（16）图样中尺寸标注应按现行国家标准的有关规定执行。

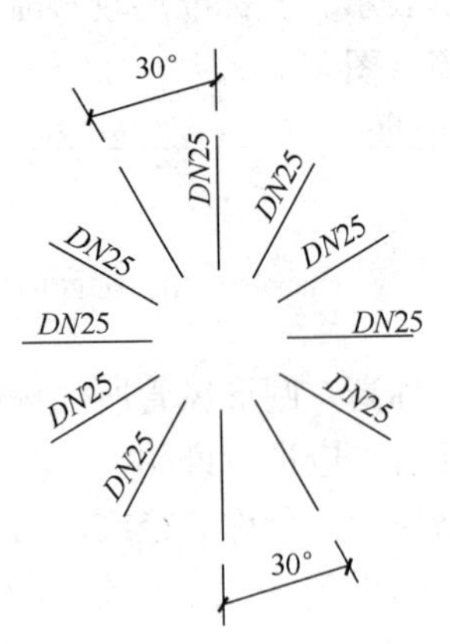

图1-50　管径(压力)的标注位置

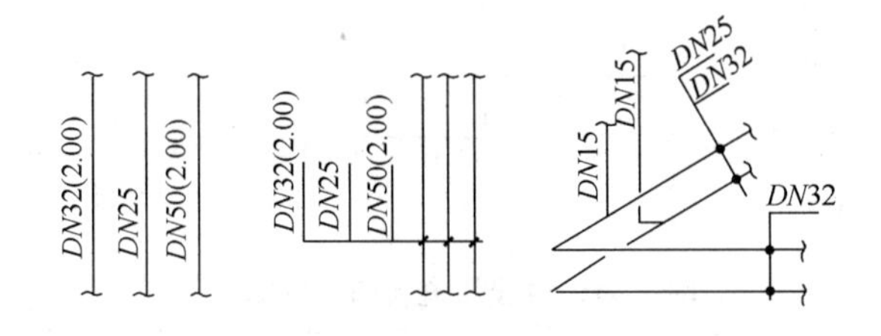

图 1-51　多条管线规格的画法

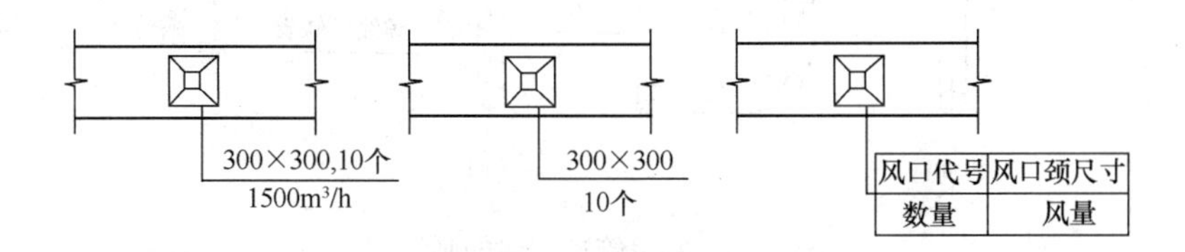

图 1-52　风口、散流器的表示方法

（17）平面图、剖面图上如需标注连续排列的设备或管道的定位尺寸和标高时，应至少有一个误差自由段（图 1-53）。

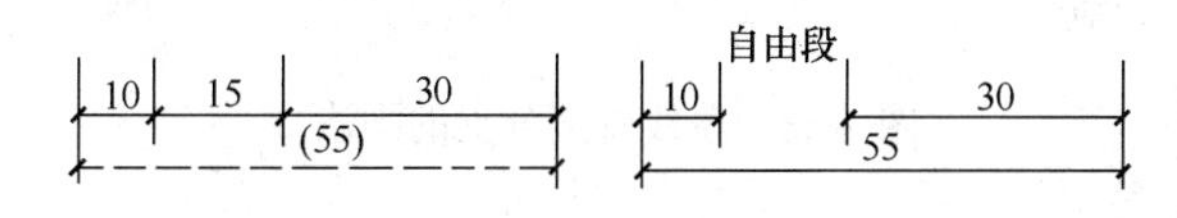

图 1-53　定位尺寸的表示方式

（18）挂墙安装的散热器应说明安装高度。

（19）设备加工（制造）图的尺寸标注应按现行国家标准《机械制图 尺寸注法》GB/T 4458.4—2003 的有关规定执行。焊缝应按现行国家标准《技术制图 焊缝符号的尺寸、比例及简化表示法》GB/T 12212—2012 的有关规定执行。

6. 管道转向、分支、重叠及密集处的画法

（1）单线管道转向的画法如图 1-54 所示。

（2）双线管道转向的画法如图 1-55 所示。

（3）单线管道分支的画法如图 1-56 所示。

（4）双线管道分支的画法如图 1-57 所示。

（5）送风管转向的画法如图 1-58 所示。

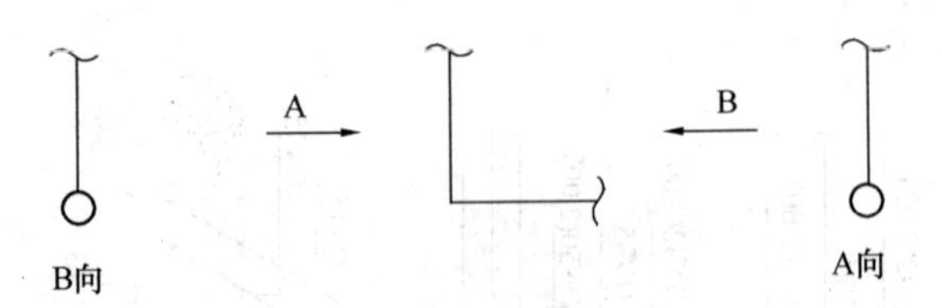

图 1-54　单线管道转向的画法

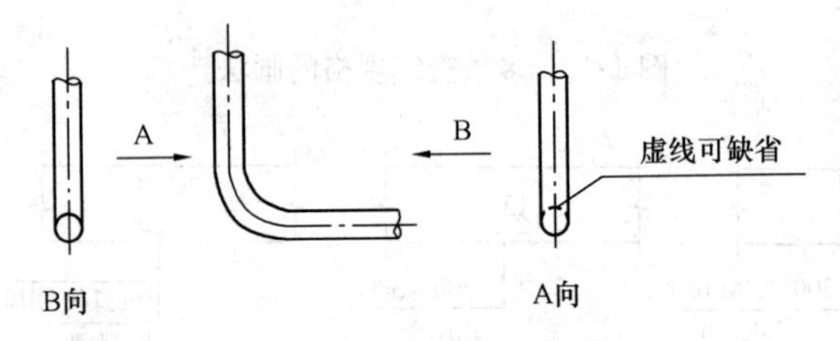

图 1-55　双线管道转向的画法

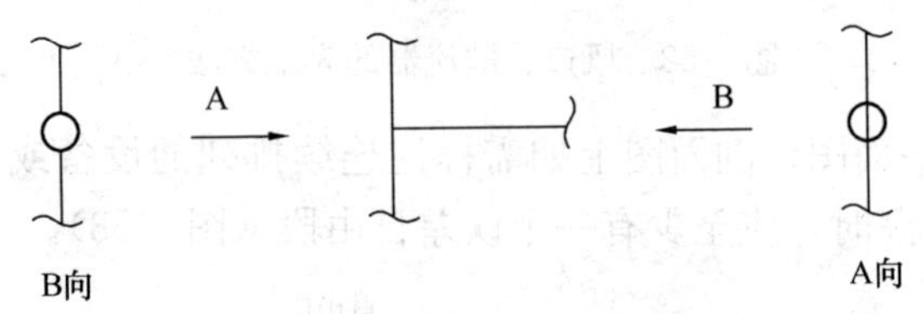

图 1-56　单线管道分支的画法

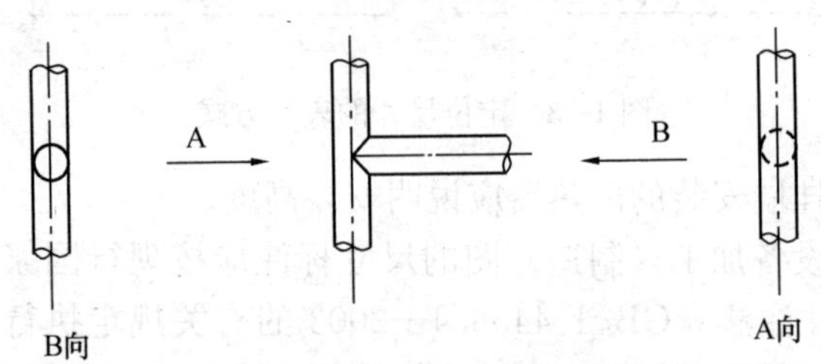

图 1-57　双线管道分支的画法

（6）回风管转向的画法如图 1-59 所示。

（7）平面图、剖视图中管道因重叠、密集需断开时，应采用断开画法（图 1-60）。

（8）管道在本图中断，转至其他图面表示（或由其他图面引来）时，应注明转至（或来自的）的图纸编号（图 1-61）。

（9）管道交叉的画法如图 1-62 所示。

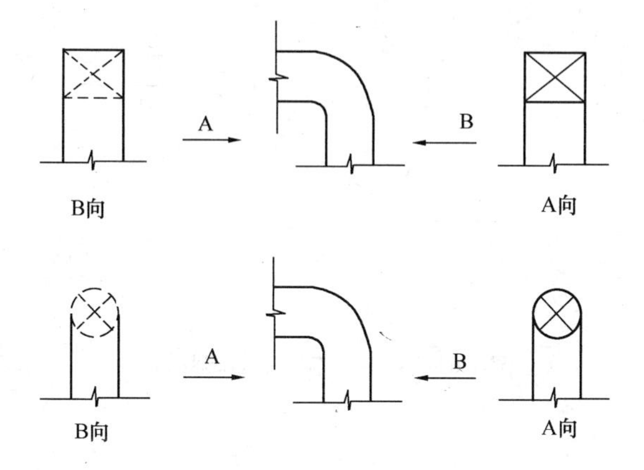

图 1-58　送风管转向的画法

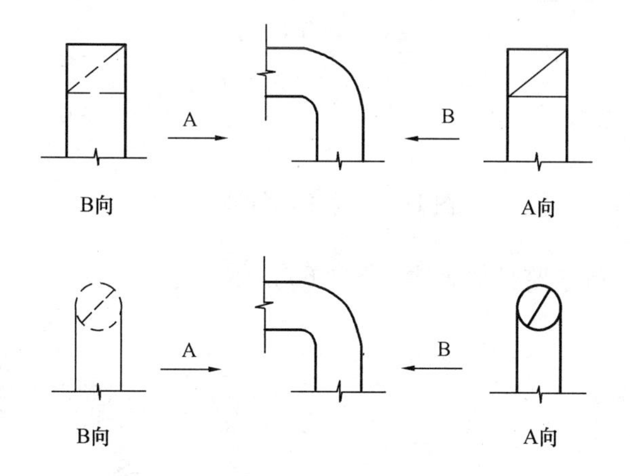

图 1-59　回风管转向的画法

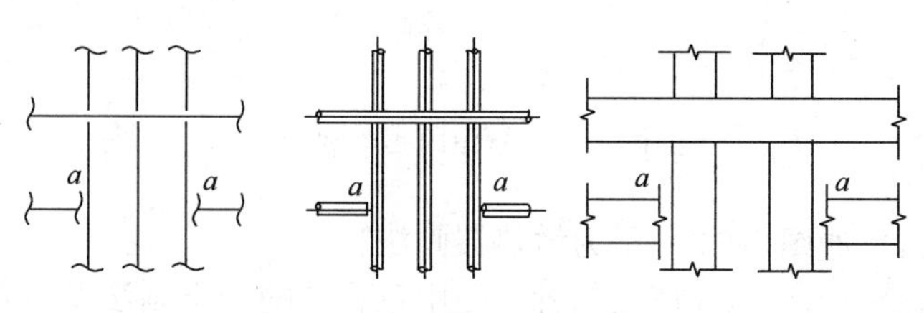

图 1-60　管道断开的画法

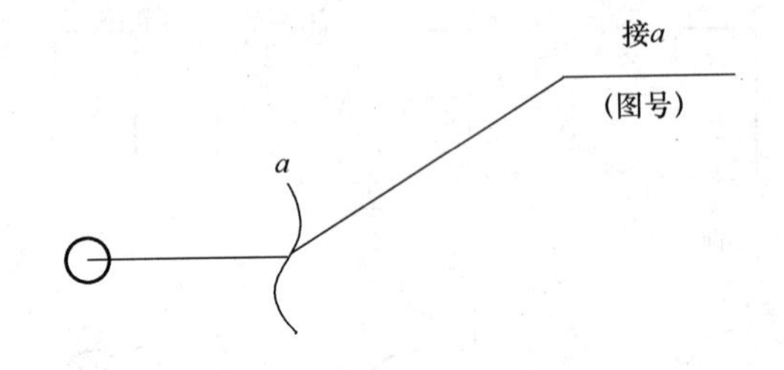

图 1-61　管道在本图中断的画法

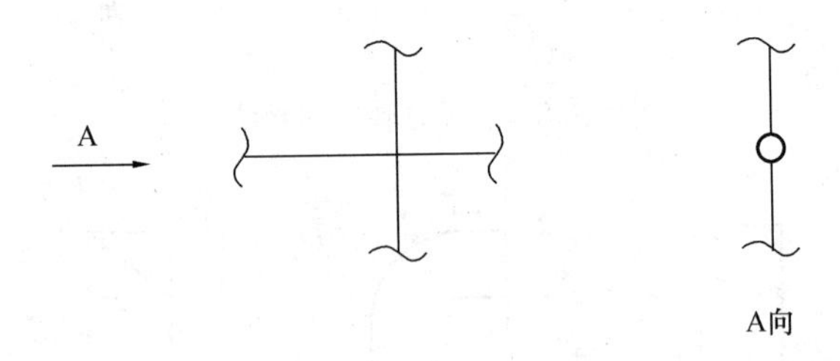

图 1-62　管道交叉的画法

（10）管道跨越的画法如图 1-63 所示。

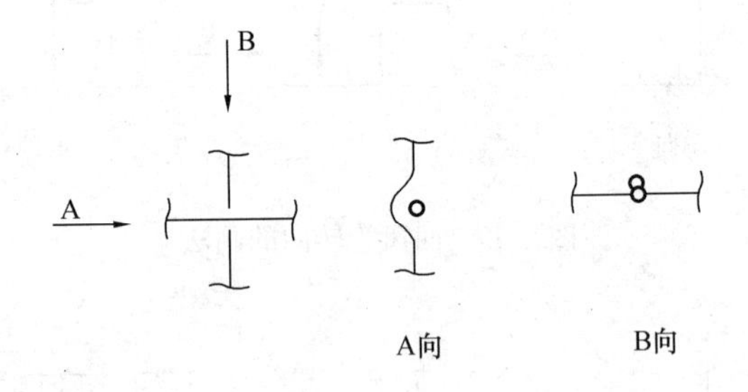

图 1-63　管道跨越的画法

（11）如图 1-64 所示为散热器画法。

（12）如图 1-65 所示为轴测图中重叠处的引出画法及散热器的标注。

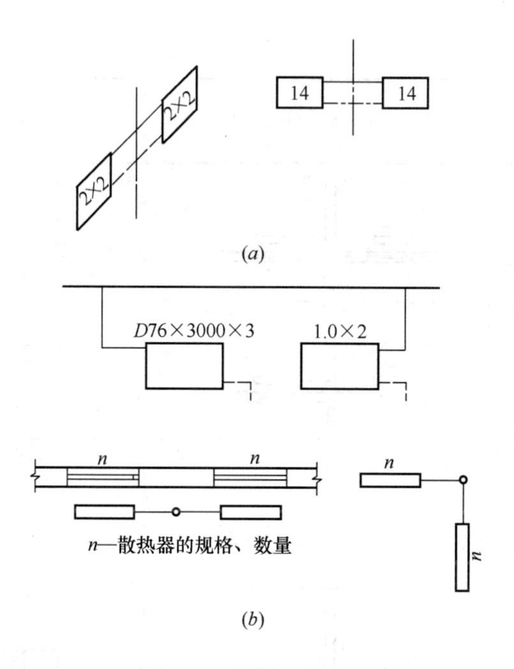

图 1-64　散热器的画法

（a）柱式、圆翼形散热器画法；（b）光管式、串片式散热器画法

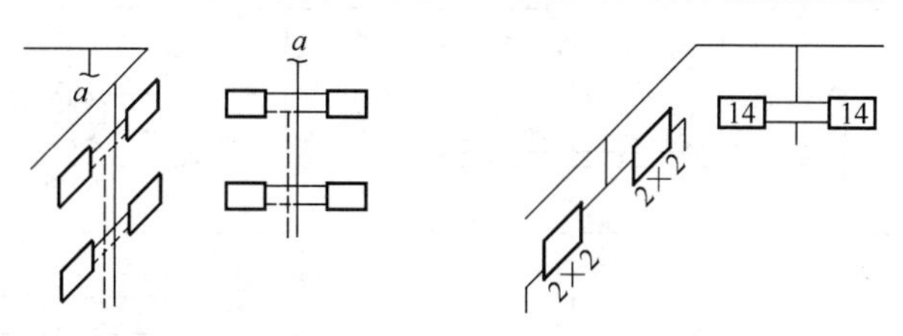

图 1-65　轴测图中重叠处的引出画法及散热器的标注

（13）表 1-35 为管道与散热器连接的画法。

管道与散热器连接的画法　　**表 1-35**

系统形式	楼层	平　面　图	轴　测　图
单管垂直式	顶层	DN40 ②	DN40 ② 10 10

续表

系统形式	楼层	平面图	轴测图
单管垂直式	中间层	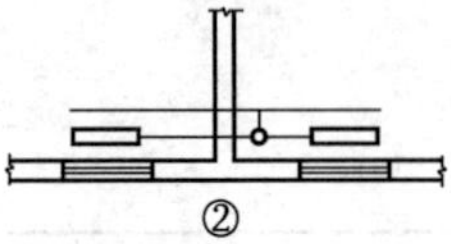 ②	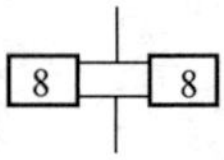 8 8
	底层	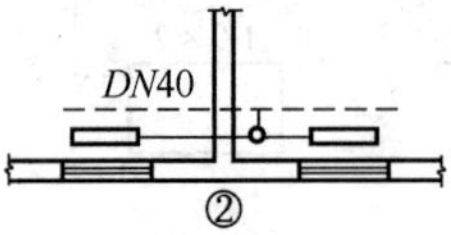 DN40 ②	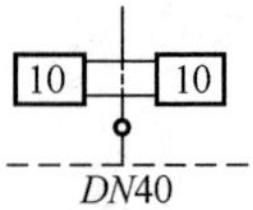 10 10 DN40
双管上分式	顶层	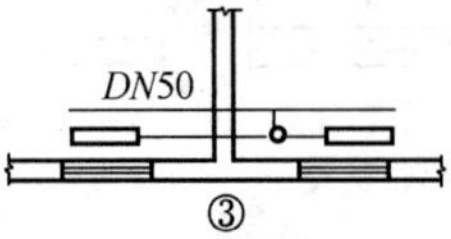 DN50 ③	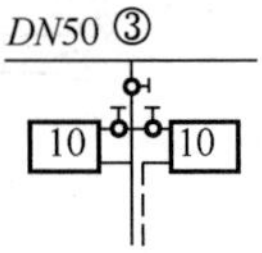 DN50 ③ 10 10
	中间层	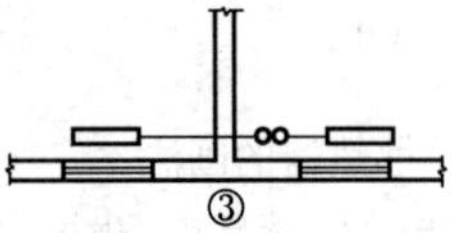 ③	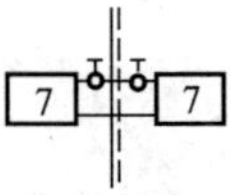 7 7
	底层	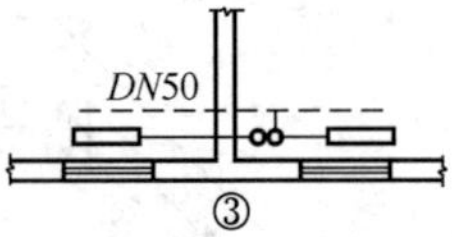 DN50 ③	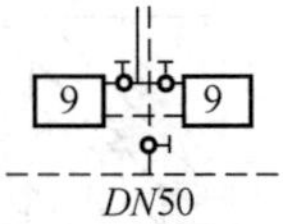 9 9 DN50
双管下分式	顶层	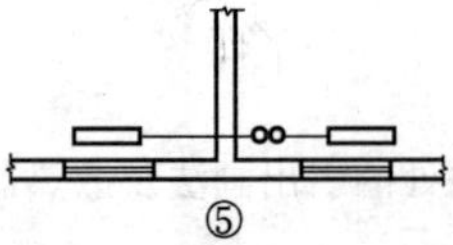 ⑤	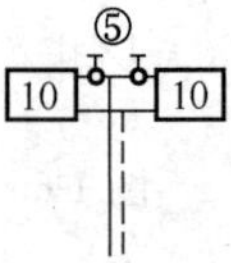 ⑤ 10 10
	中间层	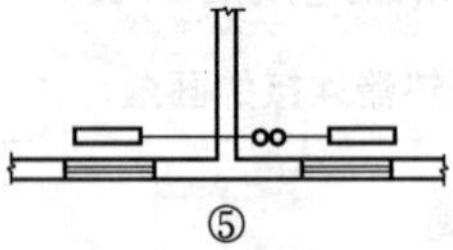 ⑤	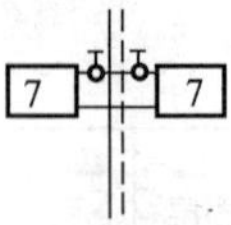 7 7
	底层	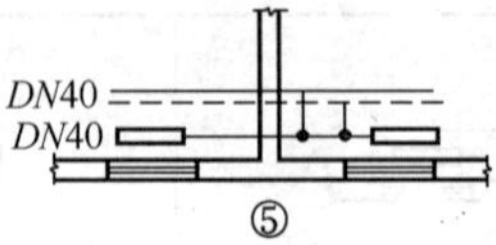 DN40 DN40 ⑤	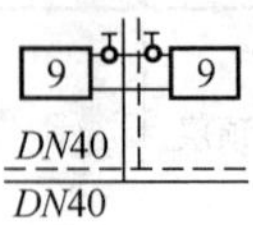 9 9 DN40 DN40

2　建筑设备施工图基础知识

2.1　投影及投影图

2.1.1　投影基础知识

1. 投影的概念

在日常生活中经常可以看到这样的现象，在阳光或灯光照射下的物体在地面上或墙面上投下影子。影子在一定程度上可以反映物体的形状和大小，随着光线照射方向的不同，影子也会发生变化。如图 2-1 所示为某物体在正午阳光照射下在地面上留下的影子，这个影子只反映了物体的底部轮廓。若把这种现象抽象总结，将发光点称为光源，光线称为投影线，落影子的地面或墙面称为投影面，则这种影子称为投影。

要产生投影须具备三个条件：投影中心 S，即光源或光线；投

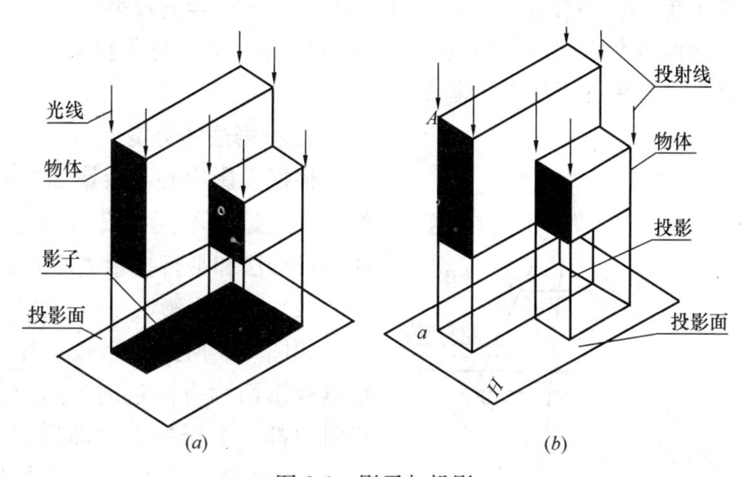

图 2-1　影子与投影

(a) 影子；(b) 投影

影所在的平面即投影面 H；空间几何元素或形体。这三个条件又称为投影三要素。如图 2-2 所示。

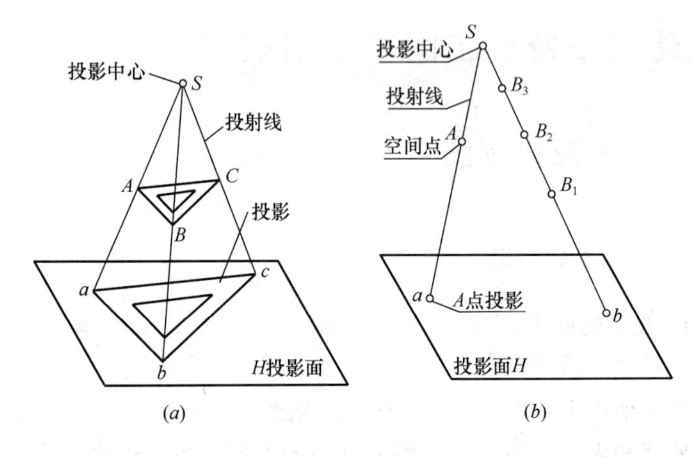

图 2-2　投影法

这样的条件下，通过空间点 A 的投影线（SA 连线）与投影面 H 的交点 a 即为该点的投影。由于一条直线只能与平面相交于一点，所以，投影中心和投影面确定之后，点在该投影面上的投影是唯一的。但是点的一个投影并不能唯一确定该点的空间位置。如已知投影点 b 点，在 Sb 投影线上的所有点 B_1、B_2、B_3 等的投影都为 b。

这种研究空间形体与其投影之间的关系的方法称为投影法。工程上常用各种投影法来绘制图样。

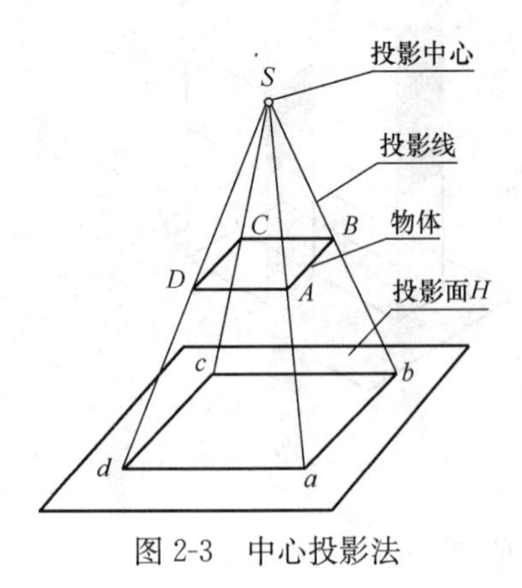

图 2-3　中心投影法

2. 投影法的分类

根据投影中心与投影面之间的距离远近的不同，投影法分为中心投影法和平行投影法两大类。

（1）中心投影法

如图 2-3 所示，当投影中心距离投影面为有限远时，所有的投射线都交汇于一点（即投影中心），这种投影法称为中心投影法。投影图形的大小随光源的方向和距形体的距离而变化，光源距形体越近，形体投影越大，它不能反映形体的真实大小。

（2）平行投影法

当投影中心距离投影面为无限远时，所有投射线都相互平行，这种投影法称为平行投影法，如图 2-4 所示。投影大小与形体到光源的距离无关。

根据投射线面与投影面之间角度的不同，平行投影又可分为正投影和斜投影。

1）正投影

投射线相互平行且与投影面垂直，如图 2-4（*b*）所示。

2）斜投影

投射线相互平行，但倾斜于投影面，如图 2-4（*a*）所示。

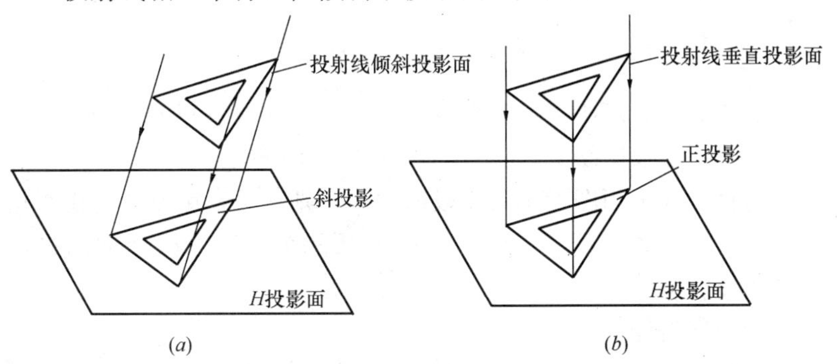

图 2-4　平行投影法

（*a*）斜投影；（*b*）正投影

3. 正投影的特性

（1）实形性

如图 2-5（*a*）所示，直线 AB 与投影面平行。此时的投射线与 AB 构成了一个投射平面，所以，AB 的投影 ab 即为该平面与投影 H 的交线，所以，ab 与 AB 等长。

当直线和平面图形平行于投影面时，则该投影面上的投影反映实长或实形。如图 2-5（*e*）所示为平行于投影面的平面图形。

（2）积聚性

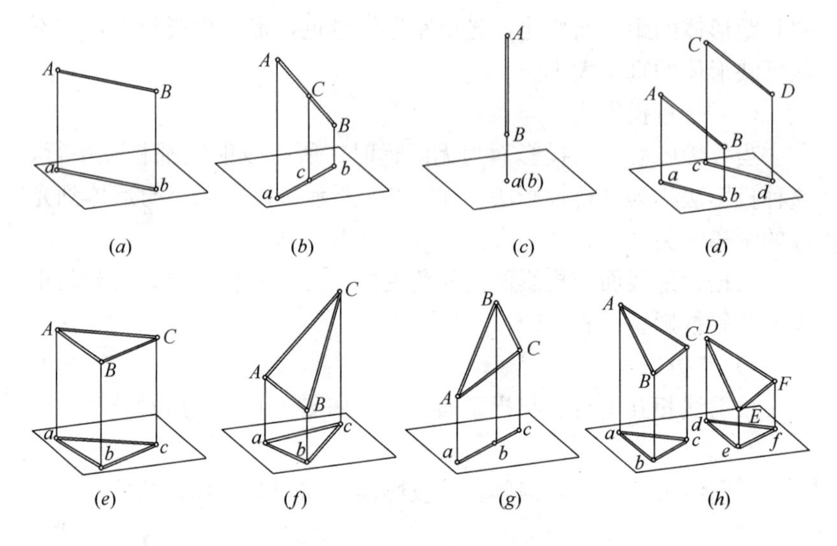

图 2-5　平行投影特性

如图 2-5（c）所示，当直线 AB 垂直于投影面 H 时，AB 上各点都位于同一投影线上，各点的投影积聚于一点。

当直线或平面图形垂直于投影面时，则在该投影面上的投影积聚为一点或一条直线。如图 2-5（g）所示为垂直于投影面的平面图形的投影。

（3）平行性

如图 2-5（d）所示，相互平行的两条直线在同一投影面上的投影保持平行。

（4）定比性

如图 2-5（b）所示，直线上两线段长度之比等于这两条线段投影长度之比。

如图 2-5（d）所示，空间相互平行的两条线段的长度之比，等于它们平行投影长度之比。

（5）变形性

当直线或平面图形倾斜于投影面时，则直线在这个投影面上的投影小于实长，而平面图形的投影仍然是一个边数相同，图形相似的平面。如图 2-5（b）、（f）所示。

2.1.2 投影的原理

1. 点的投影规律

任何形体都是由点、线、面组成的，而点又是组成形体的最基本的几何元素，所以要正确地表达形体，要准确地读图识图，点的投影规律是必须掌握的。

点的一面投影不能确定点在空间的位置，要确定点在空间的位置，至少需要两面投影。

形体的一面投影也不能唯一确定其空间形状，如图 2-6 所示。要唯一确定形体的空间、形状，必须要有形体的三面投影。

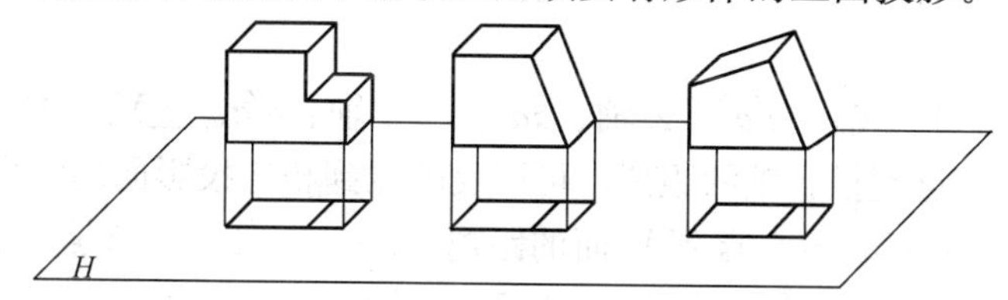

图 2-6 形体的一面投影

如图 2-7 所示是一个形体在三面投影体系中的投影。

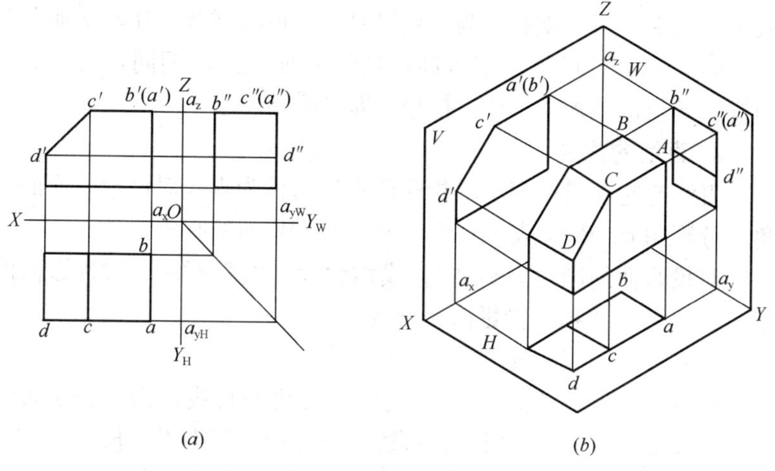

(a) (b)

图 2-7 形体在三面投影体系中的投影

(a) 投影图；(b) 立体图

立体上的点用大写字母 A、B、C、D……表示。它们在水平面（H 面）上的投影用相应的小写字母 a、b、c、d……表示；在正面（V 面）上的投影用 a'、b'、c'、d'……表示；在侧面（W 面）上的投影用 a''、b''、c''、d''……表示。

图 2-7（b）中，a_x 是 A 点的正面投影和水平投影的投影连线与 X 轴的交点；a_y（a_{yH}、a_{yW}）是 A 点的水平投影和侧面投影的投影连线与 Y 轴的交点；a_z 是 A 点的正面投影和侧面投影的投影连线与 Z 轴的交点。

从图 2-7 可看出点的投影规律：

（1）点的投影连线垂直相应投影轴，即“长对正、高平齐、宽相等”。

（$aa' \perp X$ 轴、$a'a'' \perp Z$ 轴、$aa_{yH} \perp Y_H$ 轴、$a''a_{yW} \perp Y_W$ 轴）

（2）点到投影轴的距离，可以反映点到相应投影面的距离。

（$aa_x = a''a_z = A$ 点到 V 面的距离；$a'a_x = a''a_{yW} = A$ 点到 H 面的距离；$a'a_{yH} = a'a_z = A$ 点到 W 面的距离）

（3）当两点有两个坐标相同时，在相应的投影面上会出现重影点。

在图 2-7 中，由于 B 点与 A 点等高，且到 W 面距离都相等，其正面投影 b' 与 a' 重影。为区别可见性，可将被遮挡住的 b' 加上括号，即（b'）。C 点与 A 点等高，且到 V 面距离均相同，它们的侧面投影 c'' 与 a'' 重影，a'' 加上括号，即（a''）。

2. 直线的投影

直线与它在投影面上的投影所夹锐角称为直线对该投影面的倾角。分别用 α、β、γ 表示直线对 H、V、W 面的倾角。

对投影面的倾角为 90°的直线称为投影面垂直线；对投影面的倾角为 0°的直线称为投影面平行线。

（1）一般位置直线

对投影面的倾角为 0°～90°之间的锐角的直线称为一般位置直线。如图 2-8 所示，一般位置直线的三面投影都小于实长。

（2）投影面平行线

投影面平行线有水平线、正平线和测平线三种。它们的投影和

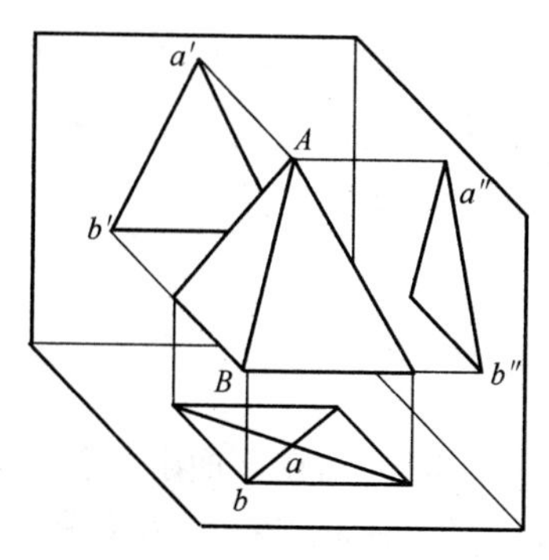

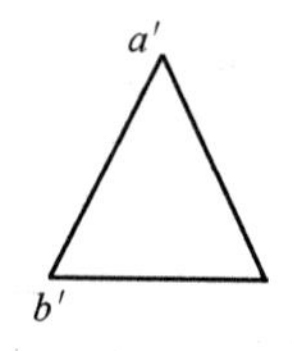

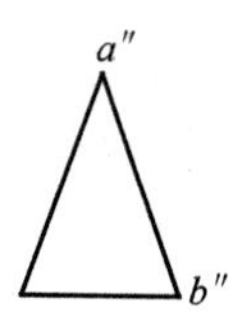

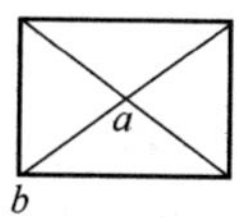

图 2-8　一般位置直线

投影特性见表 2-1。

投影面平行线的投影特性　　**表 2-1**

	水平线（//*H*）	正平线（//*V*）	侧平线（//*W*）
立体上的线			
投影图			
投影特性	（1）*AF* 的正面投影 $a'f'$//*OX* 轴，侧面投影 $a''f''$//OY_W 轴，水平投影 *af* 倾斜 OY_H 轴； （2）*af*＝*AF*（立体上线的市场）$a'f'$＜*AF*，$a''f''$＜*AF*	（1）*af* 的水平投影 *af* //*OX* 轴，侧面投影 $a''f''$ //*OZ* 轴，正面投影 $a'f'$ 倾斜 *OX* 轴； （2）$a'f'$＝*AF*（立体实长）*af*＜*AF*，$a''f''$ ＜*AF*	（1）*AF* 的水平投影 *af*//OY_H 轴，正面投影 $a'f'$ //*OZ* 轴，侧面投影 *af* 倾斜 *OZ* 轴； （2）$a''f''$＝*AF*（立体实长）*af*＜*AF*，$a'f'$ ＜*AF*

由表 2-1 可知，当直线平行于某个投影面时，则在该投影面上的投影反映实长和对另两个投影面的倾角。另两个投影平行于相应投影轴。

（3）投影面垂直线

投影面垂直线有铅垂线、正垂涎和侧垂涎三种。它们的投影和投影特性见表 2-2。

由表 2-2 可知，当直线垂直于投影面时，则在该面上的投影积聚为一点，其他两平面投影平行于相应的投影轴且反映实长。

投影面垂直线的投影特性 **表 2-2**

	铅垂线（$\perp H$）	正垂线（$\perp V$）	侧垂线（$\perp W$）
立体上的线	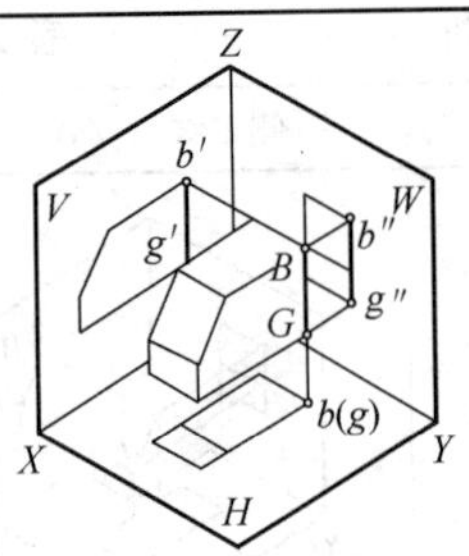	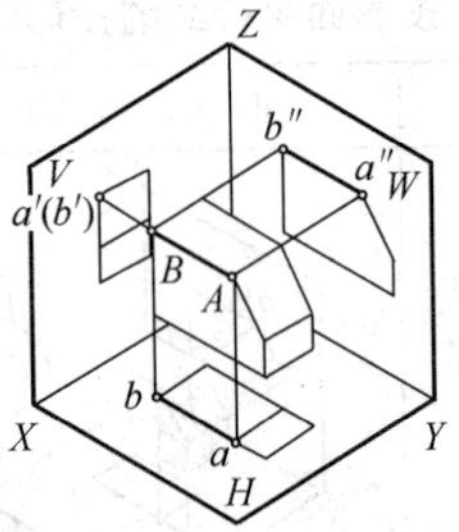	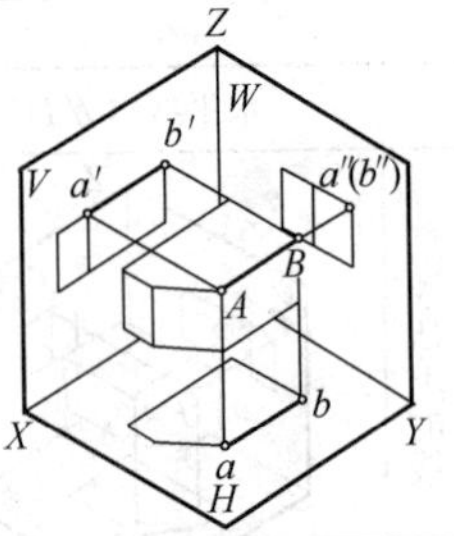
投影图	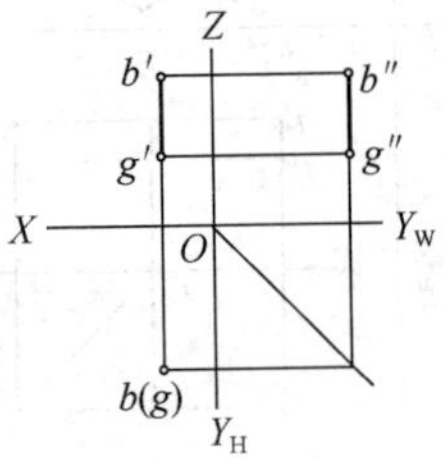	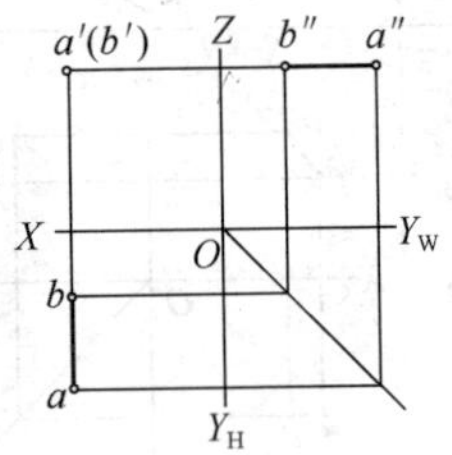	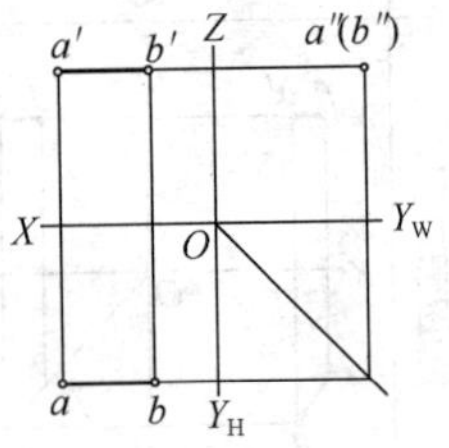
投影特性	（1）BG 的水平投影 bg 积聚为一点； （2）BG 的正面投影 $b'g' \perp OX$ 轴，侧面投影 $b''g'' \perp OY_W$ 轴； （3）$b'g' = b''g'' = BG$（立体中 BG 线的实长）	（1）AB 的正面投影 $a'b'$ 积聚为一点； （2）AB 的水平投影 $ab \perp OX$ 轴，侧面投影 $a''b'' \perp OZ$ 轴； （3）$ab = a''b'' = AB$（立体中 AB 线的实长）	（1）AB 的侧面投影 $a''b''$ 积聚为一点； （2）AB 的水平投影 $ab \perp OY_H$ 轴，侧面投影 $a'b' \perp OZ$ 轴； （3）$ab = a'b' = AB$（立体中 AB 线的实长）

3. 平面的投影

(1) 一般位置平面

如图 2-9 所示，在三面投影体系中，对三个投影面都倾斜的平面称为一般位置平面。一般位置平面的投影特性是：三面投影都保持基本图形不变，且小于实形。

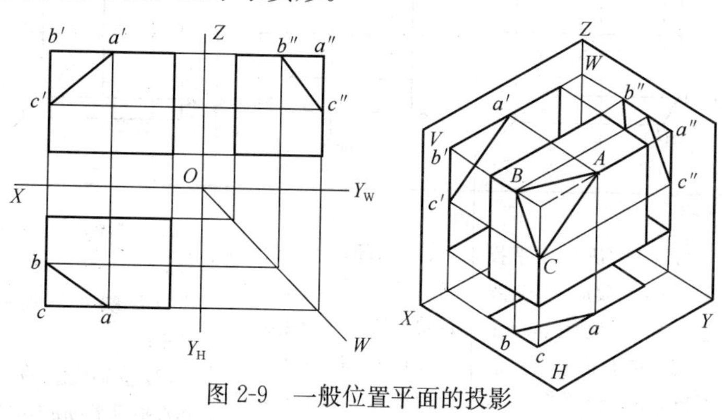

图 2-9 一般位置平面的投影

(2) 投影面垂直面

对某个投影面的倾角为 0°～90°锐角时的平面称为投影面垂直面。有铅垂面∥H、正垂面∥V 和侧垂面∥W 三种。

投影面垂直面的投影特性是：投影面垂直面在与它垂直的投影面上的投影积聚成一条直线且反映它对另两个投影面的倾角。另两面的投影保持其基本图形不变，且小于原基本图形。

投影面垂直面的投影特性见表 2-3。

投影面垂直面的投影特性 **表 2-3**

	铅垂面（⊥H）	正垂面（⊥V）	侧垂面（⊥W）
立体上的面	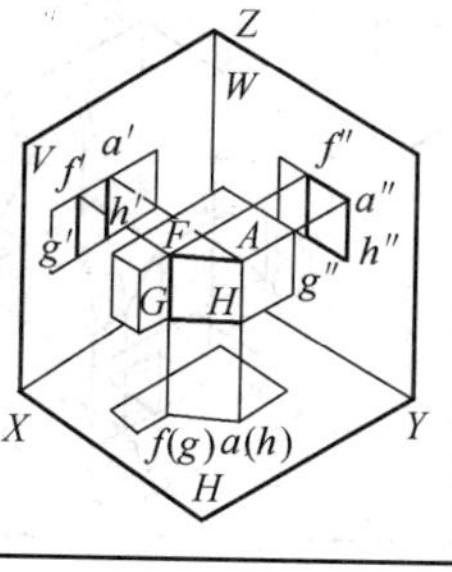	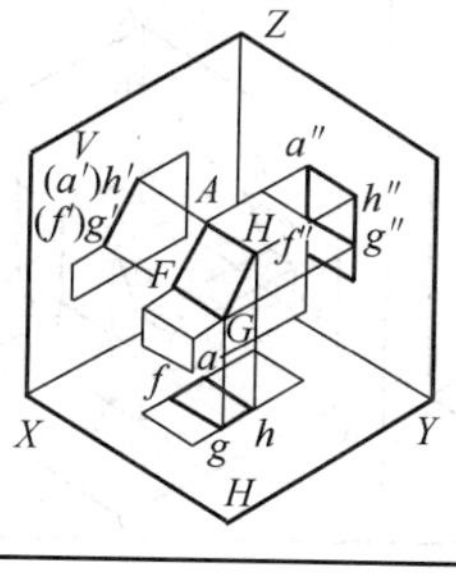	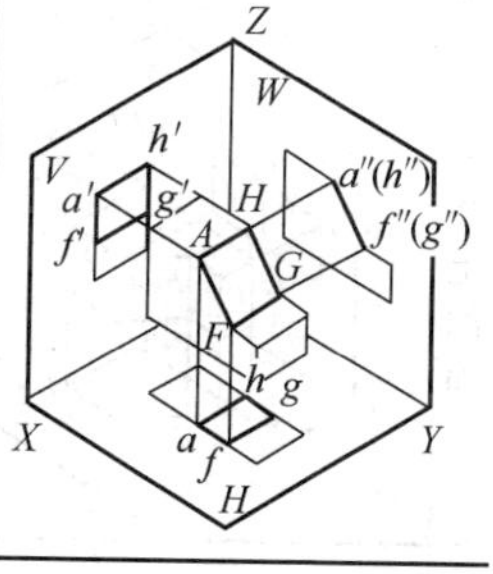

续表

	铅垂面（⊥H）	正垂面（⊥V）	侧垂面（⊥W）
投影图	f' a' f'' a'' g' h' g'' h'' $f(g)$ $a(h)$	$(a')h'$ a'' h'' $(f')g'$ f'' g'' f a g h	a' h' $a''(h'')$ f' g' $f''(g'')$ h a f g
投影特性	（1）$AHGF$ 的水平投影 $ahgf$ 积聚成一条直线且反映对其他两面倾角； （2）正面投影 $a'h'g'f'$ 和侧面投影 $a''h''g''f''$ 均为类似图形且小于实形	（1）$AHGF$ 的正投影 $ahgf$ 积聚成一条直线且反映对其他两面倾角； （2）水平投影 $ahgf$ 和侧面投影 $a''h''g''f''$ 均为类似图形且小于实形	（1）$AHGF$ 的水平投影 $a''h''g''f''$ 积聚成一条直线且反映对其他两面倾角； （2）正面投影 $a'h'g'f'$ 和水平投影 $ahgf$ 均为类似图形且小于实形

（3）投影面平行面

在三面投影体系中，平行于一个投影面而与另两个投影面垂直的平面称为投影平行面。有水平面（$/\!/ H$）、正平面（$/\!/ V$）和侧平面（$/\!/ W$）三种。

投影面平行面的投影特性见表 2-4。

投影面平行面的投影特性 **表 2-4**

	水平面（$/\!/ H$）	正平面（$/\!/ V$）	侧平面（$/\!/ W$）

立体上的面

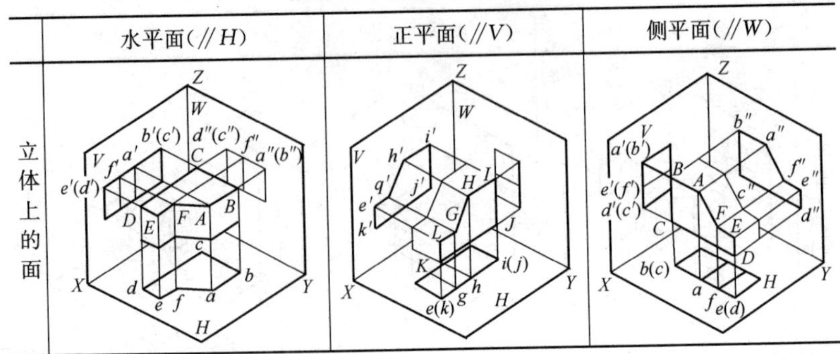

续表

	水平面(//H)	正平面(//V)	侧平面(//W)
投影图			
投影特性	(1)ABCDEF 平面在水平面上的投影反映实形； (2)正面投影和侧面投影均积聚为一条直线且平行于相应投影轴	(1)GHIJKL 平面在水平面上的投影反映实形； (2)水平面急剧为横直线；左侧面投影积聚为一条直线且平行于相应投影轴	(1)ABCDEF 平面在侧面上的投影反映实形； (2)在正面及水平面上的投影积聚为一条直线且平行于相应投影轴

2.1.3 形体投影

常见的基本形体可分为平面立体和曲面立体。表面由平面围成的形体称为平面立体。如图 2-10 所示，当底面为多边形，棱线相交于一点时则称为棱锥体，如底面为三角形、四边形、五边形、……n边形，则称为三棱锥、四棱锥、五棱锥、……n 棱锥。

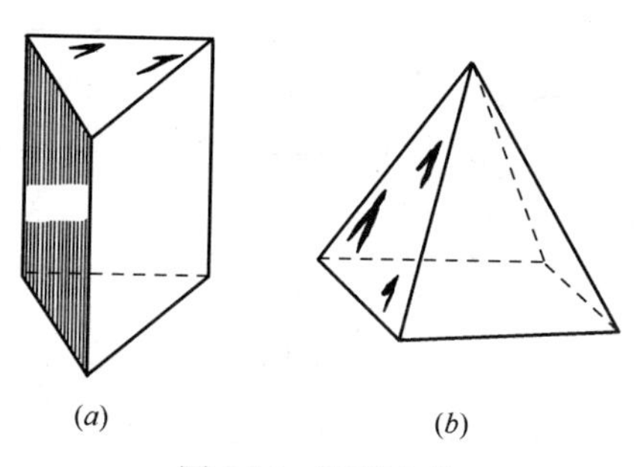

(a) (b)

图 2-10 平面立体

(a) 三棱柱；(b) 四棱柱

当底面为多边形，棱线垂直于底面时则称为棱柱体，如底面为三角形、四边形、五边形、……n边形，则称为三棱柱、四棱柱、五棱柱、……n棱柱。它们的表面称为棱面，棱面与棱面的交线称为棱线。

1. 平面立体投影

（1）棱柱

如图 2-11、图 2-12 所示为正三棱柱、正六棱柱的三面投影，由图可知棱柱体的投影特性是：在与底面平行的投影面上的投影反映底面实形；另两面的投影为一个或 n 个矩形。

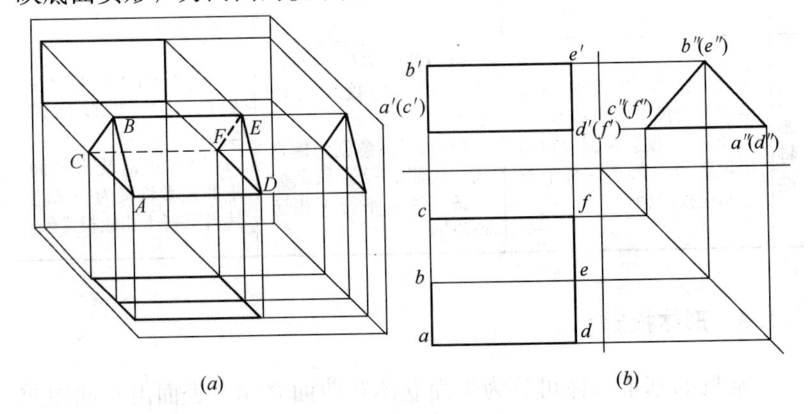

图 2-11 横放正三棱柱

（a）正三棱柱向三投影面投影立体图；（b）投影图

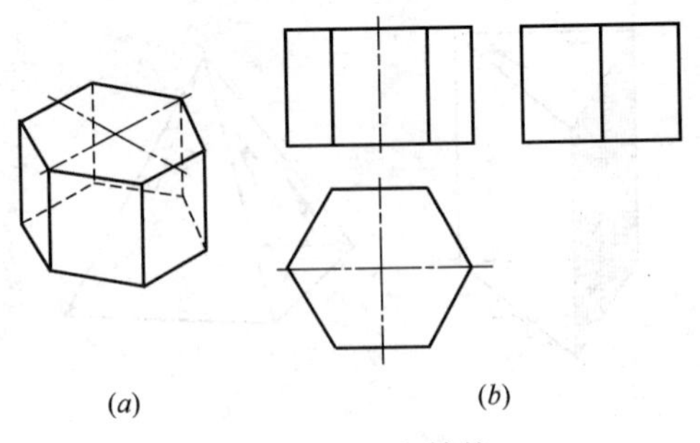

图 2-12 正六棱柱

（a）立体图；（b）投影图

（2）棱锥

当棱锥体地面为正多边形时，称为正棱锥。如图 2-13、图2-14 所示为正三棱锥和正六棱锥的三面投影。

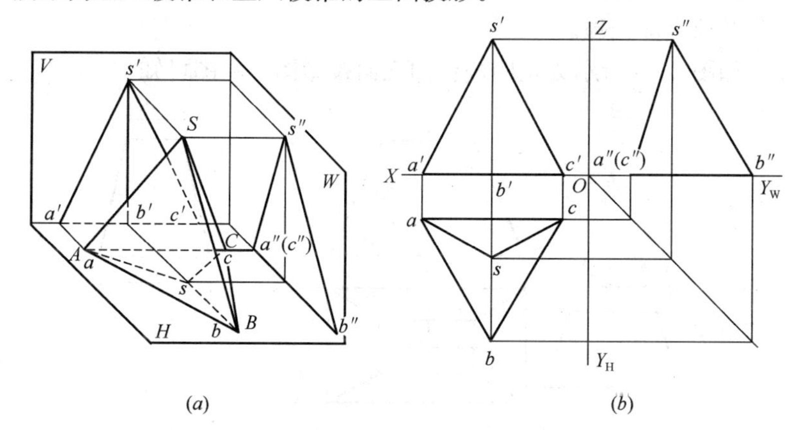

图 2-13　正三棱柱的投影

（*a*）向三投影面投影；（*b*）投影图

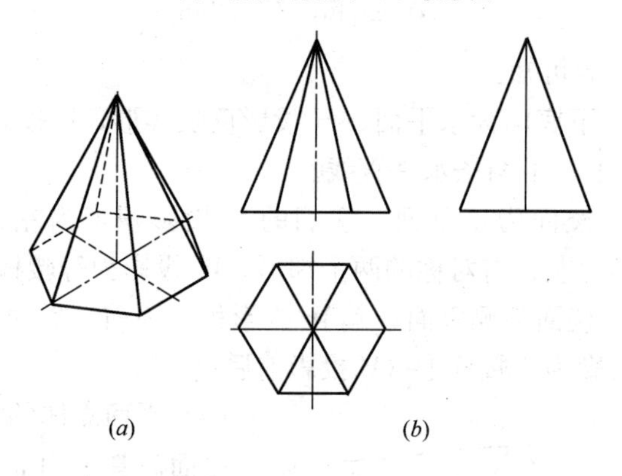

图 2-14　正六棱锥的投影

（*a*）立体图；（*b*）投影图

由图 2-14 可知，正棱锥体的投影特性是：

1）当底面平行于某一投影面时，在该面上的投影为正多边形实形及其内部的 n 个共顶点的等腰三角形。

2）另两面的投影为 1 个或 n 个三角形。

(3) 棱台

棱锥的顶部被平行于底面的平面切割后形成棱台。棱台的两个底面为相互平行且相似的平面图形。所有的棱线延长之后仍交汇于一公共顶点即锥顶。

如图 2-15 所示为正四棱台的三面投影图。由图可知：

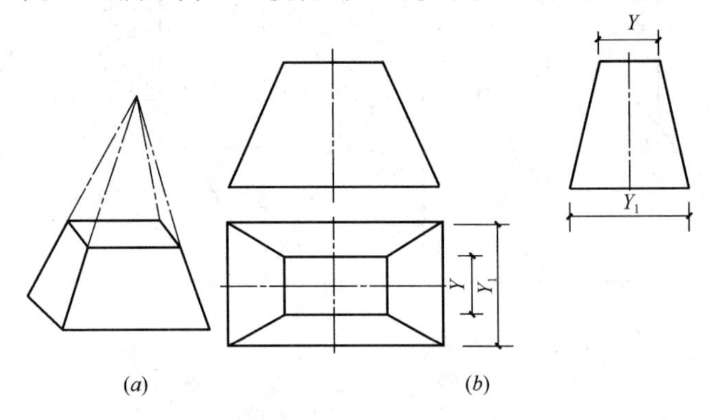

图 2-15 正四棱台

(*a*) 立体图；(*b*) 投影图

由图 2-15 可知：

1) 上、下底面为水平面，*H* 投影反映实形，*V* 投影和 *W* 投影分别积聚为上、下两条水平直线。

2) 左右棱面为正垂面，它们的 *V* 投影积聚为左、右两条直线，*H* 投影为左、右对称的两个梯形，*W* 投影为等腰梯形。

3) 前后棱面为侧垂面，其 *W* 投影积聚为前、后两条直线，*H* 投影与 *V* 投影为等腰梯形（*V* 投影前后重合）。

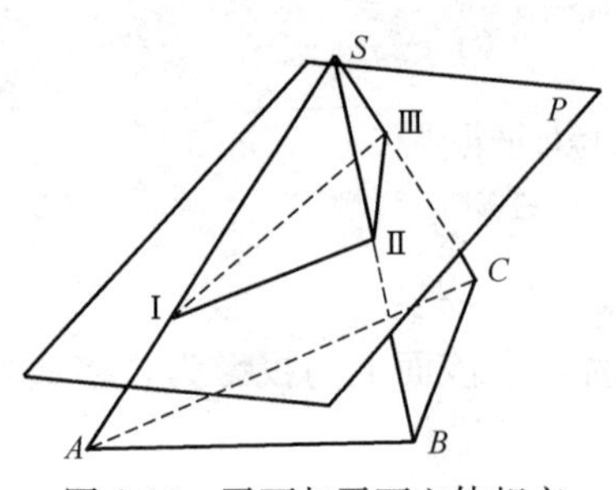

图 2-16 平面与平面立体相交

(4) 平面立体的截割

平面截割平面立体，就是平面与平面立体相交，平面称为截平面，所得的交线称为截交线，由截交线围成的平面图形则称为断面。如图 2-16 所示，三棱锥平面 *P* 截割三棱锥，平面 *P* 称为截平面，三棱锥 *S*-*ABC* 与截平面 *P*

的交线Ⅰ-Ⅱ-Ⅲ为截交线，所围成的平面图形△Ⅰ Ⅱ Ⅲ为断面。

（5）平面组合体

有些形体是由两个或两个以上基本形体相交组合而成的。两相交的立体则称为相贯体，它们的表面交线则称为相贯线。如图2-17所示。

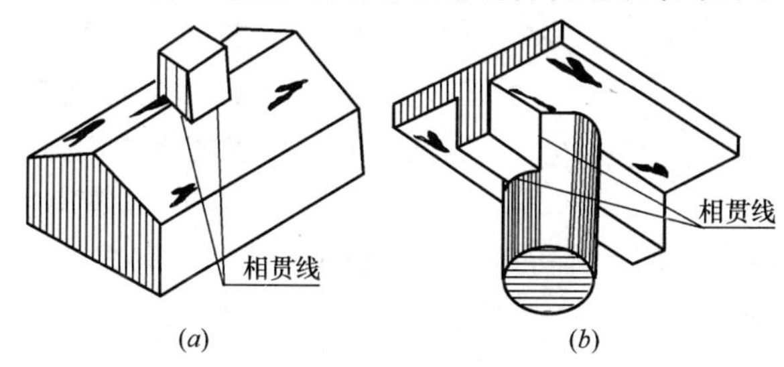

图 2-17 相贯线

（a）平面立体相贯；（b）平面立体与曲面立体相贯

由于相贯体的组合和相对位置不同，相贯线也有不同的位置和形状。但任何两个立体的相贯线都具有以下两个基本的特性：

1）相贯线是由两相贯体表面上一系列共有点（或共有线）组成的。

2）由于立体都具有一定的范围，所以相贯线一般都是闭合的。

当甲乙两个立体相贯，若甲立体上的所有棱线（或素线）全部贯穿乙立体时，产生两组相贯线，则称为全贯；若甲、乙两立体都有部分棱线（或素线）贯穿另一立体时，产生一组相贯线，则称为互贯，如图 2-18 所示。

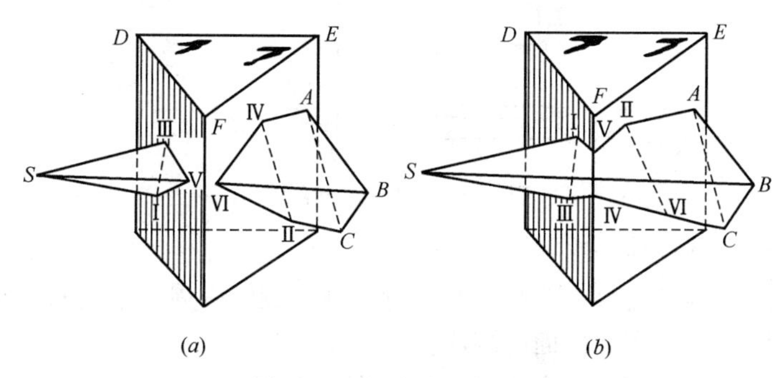

图 2-18 相贯时两种状况

（a）全贯；（b）互贯

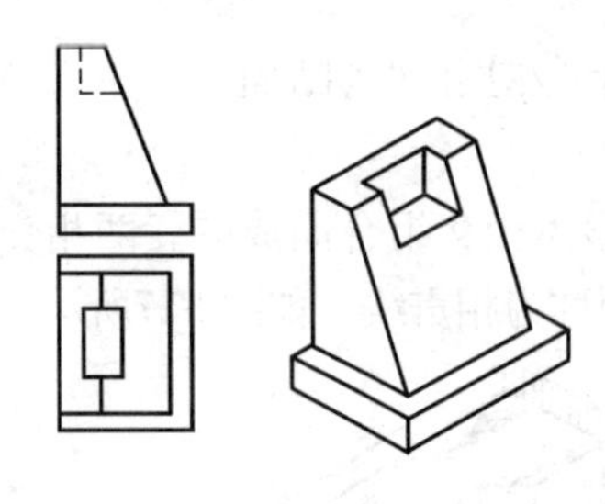

图 2-19　综合式组合体

如图 2-19～图 2-21 所示为几种平面组合体及其投影图。

2. 曲面立体投影

由曲面或曲面与平面围成的形体称为曲面体。曲面是由直母线或曲母线绕一条轴线旋转而形成的，又称回转面，不同位置的母线称为素线。

常见的基本曲面体有：圆柱体、圆锥体、球体、圆环体等，另外还有围成非回转体的直纹曲面，如图 2-22 所示。

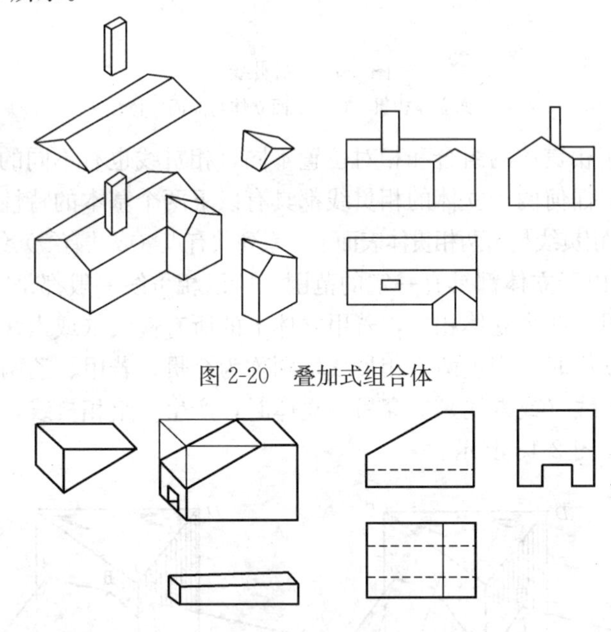

图 2-20　叠加式组合体

图 2-21　切割式组合体

（1）圆柱体的投影

圆柱体是由直母线绕与其平行的轴线旋转一周而形成的，它是由顶圆、底圆和圆柱面所围成。

如图 2-23 所示，圆柱体的投影特性是：

在与轴线垂直的投影面上的投影积聚为一个圆，并反映顶圆和

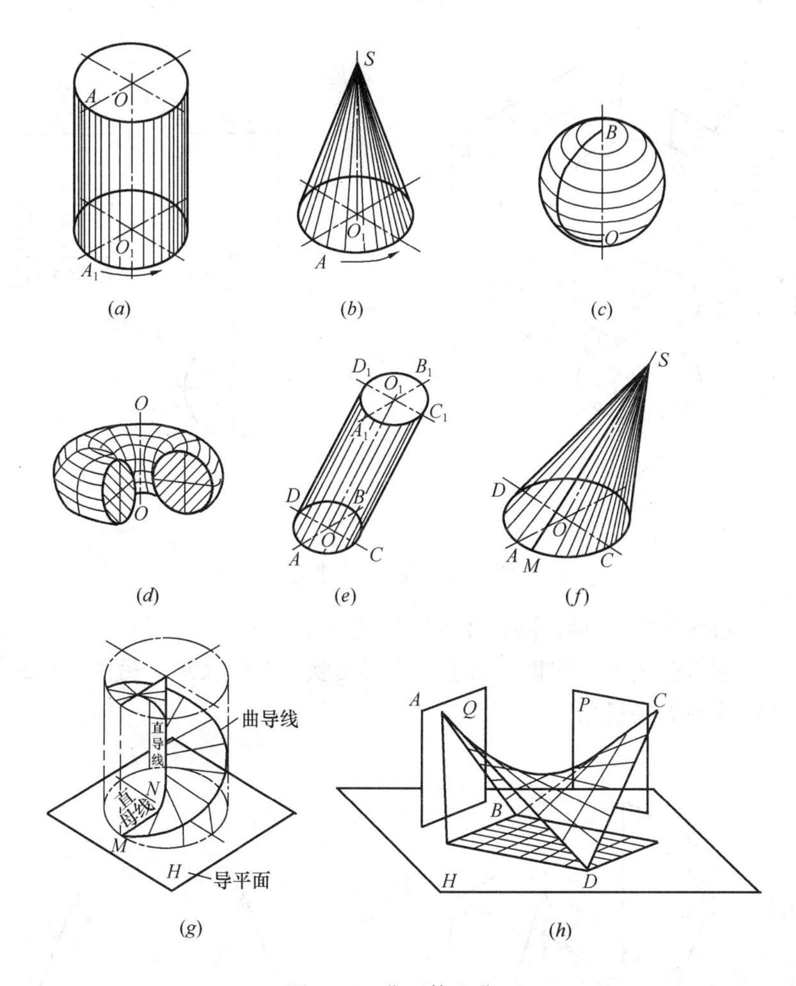

图 2-22 曲面体和曲面

(a) 圆柱体；(b) 圆锥体；(c) 圆球体；(d) 圆环体；(e) 斜椭圆柱；(f) 斜椭圆锥；(g) 螺旋面；(h) 双曲抛物面

底圆的实形，另两面投影是相等的矩形。

(2) 圆锥体的投影

圆锥体是由直母线 MN 绕与其相交于 S 点的轴线 O-O 旋转一周而形成的，S 点即为锥顶，它是由圆锥面和底圆围成的，圆锥面上的素线是相交于锥顶 S 点的共面直线。

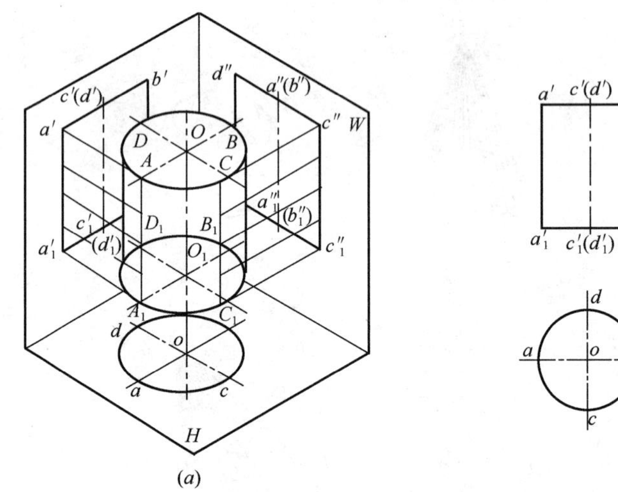

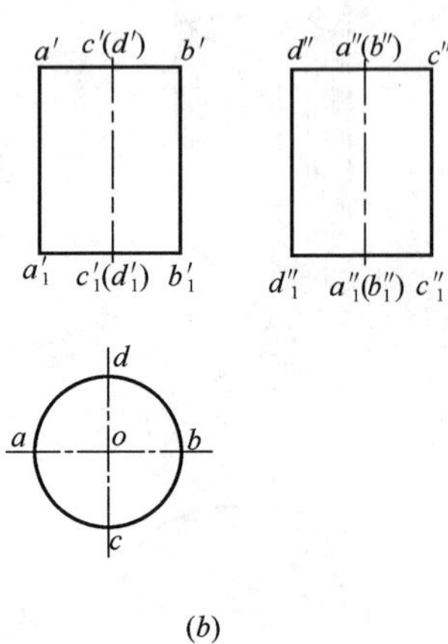

图 2-23　圆柱体的投影

如图 2-24 所示，圆锥体的投影特性是：

在与轴线垂直的投影面上的投影反映底圆的实形，另两面投影是相等的等腰三角形。

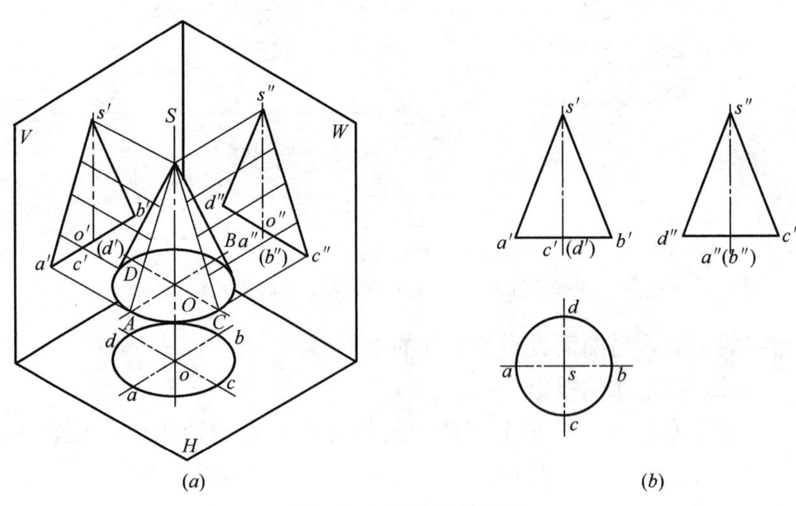

图 2-24　圆锥体的投影

（3）球体的投影

球体是由圆以自身的任意一条直径为轴旋转一周而形成的。如图 2-25 所示，圆球的三面投影是直径相等的三个圆。

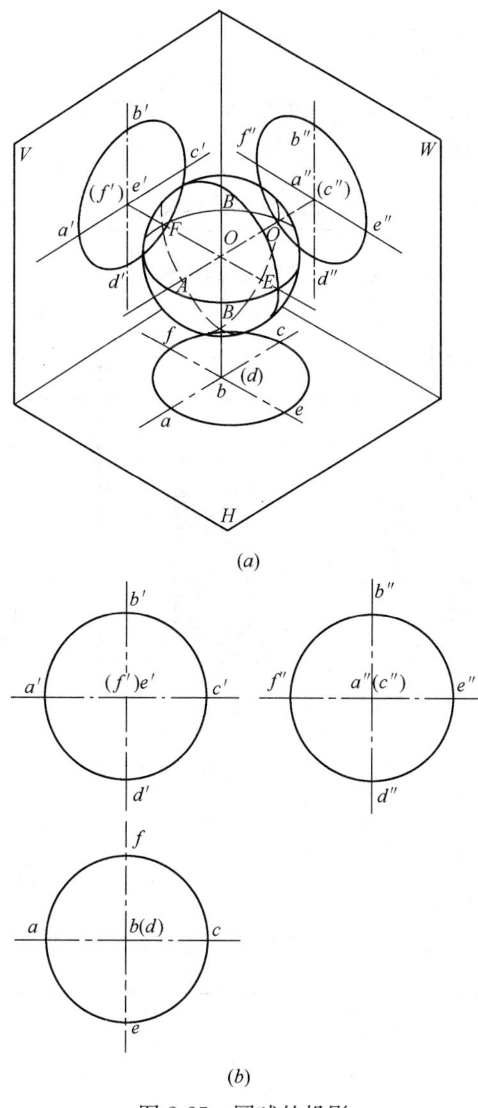

图 2-25　圆球的投影

(4) 平面与曲面立体相交

平面与曲面立体相交的截交线是闭合的平面图形，多为平面曲线，特殊情况下为一个平面多边形。截交线的形状与曲面体表面的性质和截平面与曲面体的相对的位置有关。截交线上的每一个点，都是截平面与曲面体表面的共有点。

1）平面与圆柱相交

根据截平面与圆柱轴线的相对位置的不同，截交线有圆、椭圆、矩形三种形状，见表 2-5。

圆柱上的截交线 **表 2-5**

截平面位置	倾斜于圆柱轴线	垂直于圆柱轴线	平行于圆柱轴线
截交线形状	椭圆	圆	两条素线
立体图	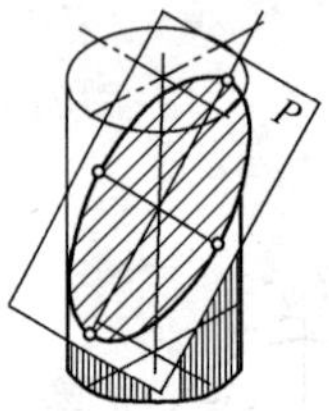	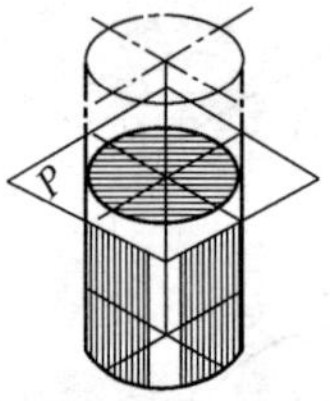	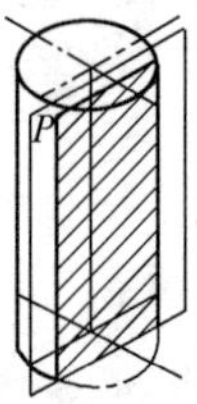
投影图	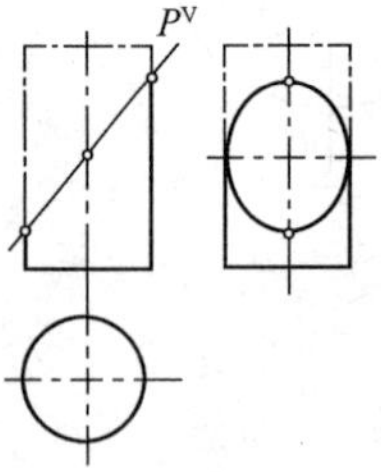	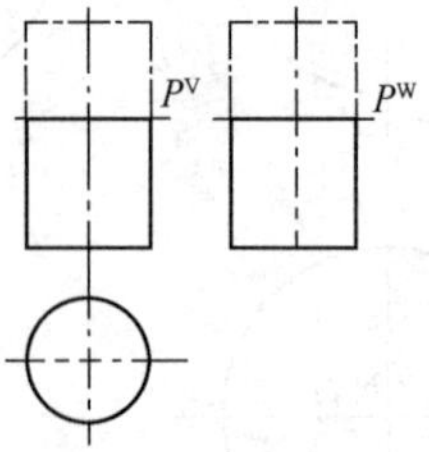	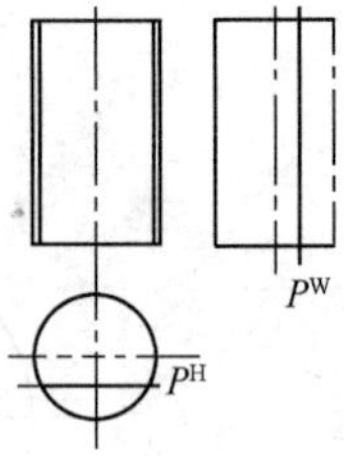

2）平面与圆锥相交

根据截平面与圆锥轴线的相对位置的不同，截交线有圆、椭圆、直线、抛物线、双曲线等几种形状，见表 2-6。

圆锥上的截交线 **表 2-6**

截平面位置	垂直于圆锥轴线	与锥面上所有素线相交 $\alpha<\phi<90°$	平行于圆锥面上一条素线 $\phi=\alpha$	平行于圆锥面上两条素线 $0\leqslant\phi<\alpha$	通过锥顶
截交线形状	圆	椭圆	抛物线	双曲线	两天素线
立体图	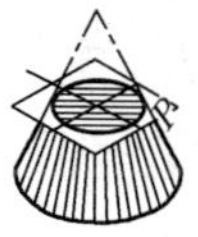		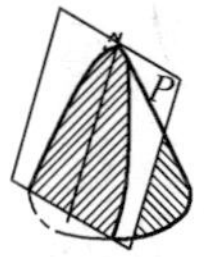		
投影图	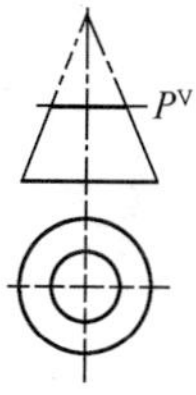	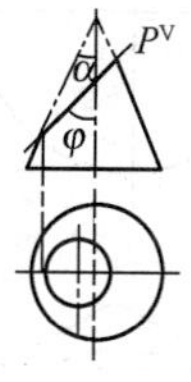	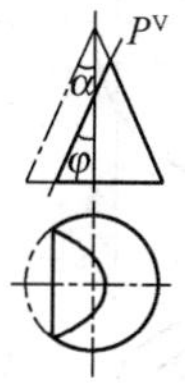	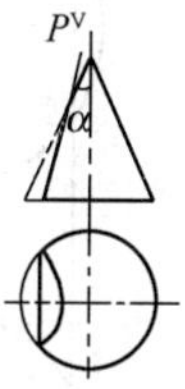	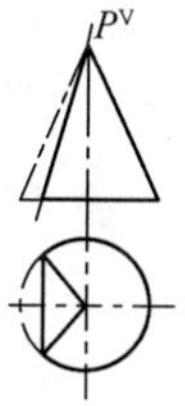

3）平面与球体相交

平面与球体相交，不论截平面的位置如何，所得截交线都是圆。但由于截平面对投影面的相对位置的不同，截交线圆的投影可能为圆、椭圆，也可能为直线。当截平面平行于投影面时，截交线圆在该面上的投影为圆；当截平面倾斜于投影面时，截交线圆在该面上的投影为椭圆。如图 2-26 所示。

在图 2-26（b）中，球被水平面 R 截割，所得截交线为水平圆。H 投影反映该圆实形，圆的直径可在 V 投影或 W 投影中量得，为 $a'b'$ 或 $c''d''$。圆的 V 投影与 R^{V} 重合，W 投影与 R^{W} 重合。

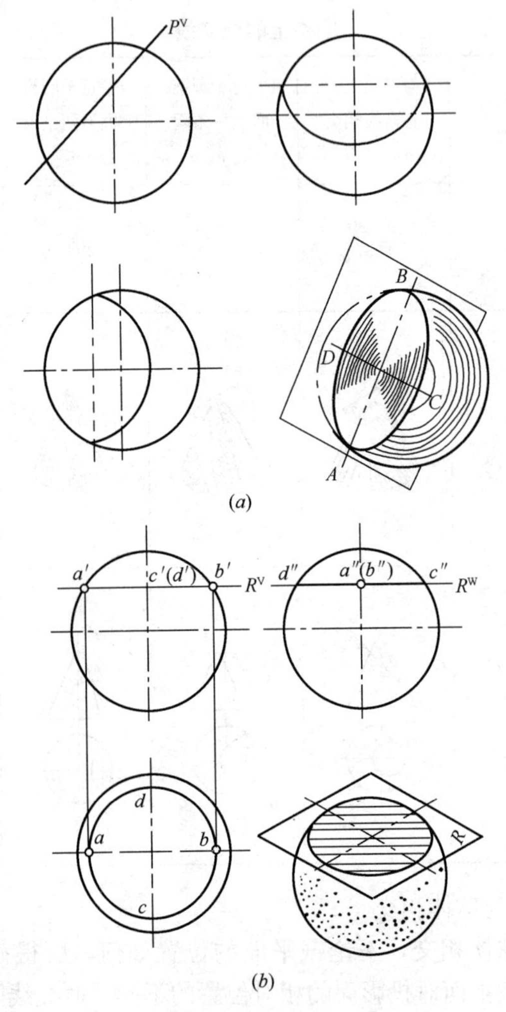

图 2-26　平面与球体相交

（a）正垂面截切球；（b）水平面截割球

2.1.4　轴测投影

1. 轴测投影概述

（1）轴测投影的形成

如图 2-27 所示，将形体连同确定它的空间位置的直角坐标轴

（OX，OY，OZ）一起，沿着不平行于这三条坐标轴和由这三条坐标轴组成的任一坐标面的方向（S_1 或 S_2）投影到新投影面（P 面或 R 面）上，所得新投影称为轴测投影。

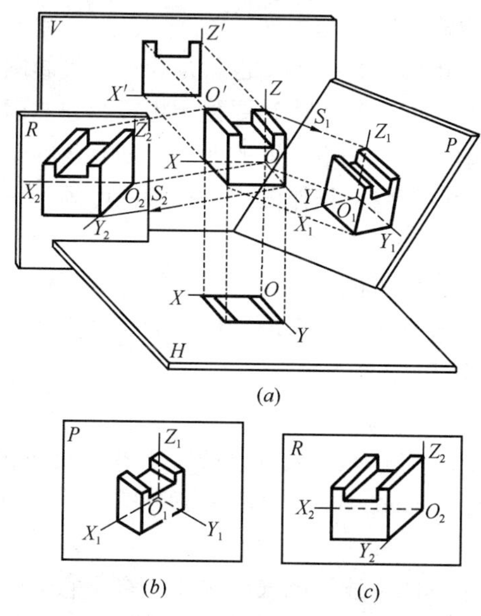

图 2-27　轴测投影的形成

（a）轴测投影形成；（b）正轴测投影图；（c）斜轴测投影图

当投影方向垂直于轴测投影面时，所得新投影称为正轴测投影；当投影方向不垂直于轴测投影面时，所得新投影称为斜轴测投影。

在轴测投影中，新投影面称为轴测投影面；三条直角坐标轴 OX，OY，OZ 的轴测投影 O_1X_1，O_1Y_1，O_1Z_1 称为轴测投影轴，简称轴测轴；两相邻轴的测轴之间的夹角 $X_1O_1Z_1$，$X_1O_1Y_1$，$Y_1O_1Z_1$ 称为轴间角；轴测轴上某线段的长度与它的实长之比称为该轴的轴向变形系数。

在画轴测投影图时，通常把轴测轴 O_1Z_1 放置在铅直方向。

轴向变形系数和轴间角是轴测投影中的两个基本要素。画轴测投影之前，必须首先确定这两个要素，才能确定平行于三个坐标轴的线段在轴测投影中的长度和方向。画轴测投影时，只能沿着轴测轴或平行于轴测轴的方向用轴向变形系数确定形体的长、宽、高三个方向上的线段，即沿轴测轴去测量长度，所以这种投影称为轴测投影。

（2）轴测投影的特点和用途

轴测投影是单面平行投影，也就是在一个投影图上表达形体的长、宽、高三个向度，其立体感要强于正投影图。但形体表达的不全面，轴测投影图会有一定程度的变形。如直角的轴测投影不再是直角，因此度量性较差，且作图比正投影图麻烦。一般用作辅助图样和用于表达设计意图等。

（3）轴测投影的特性

轴测投影是根据平行投影原理作出的一种立体图，因此其具有平行投影的一切特性。

1）平行性

空间相互平行的两条直线，它们的轴测投影仍然相互平行。形体上平行于三个坐标轴的线段，其轴测投影分别平行于相应的轴测轴。

2）定比性

空间相互平行的两线段的长度之比，等于它们的轴测投影长之比。形体上平行于坐标轴的线段的轴测投影与其实长之比，等于该轴的轴向变形系数。

2. 正等轴测（正等测）投影

如图 2-28 所示为正等测投影。其轴间角均为 120°，三个轴测轴 O_1X_1，O_1Y_1，O_1Z_1 上的轴向变形系数均为 0.82，为了作图简便，简化为 1。

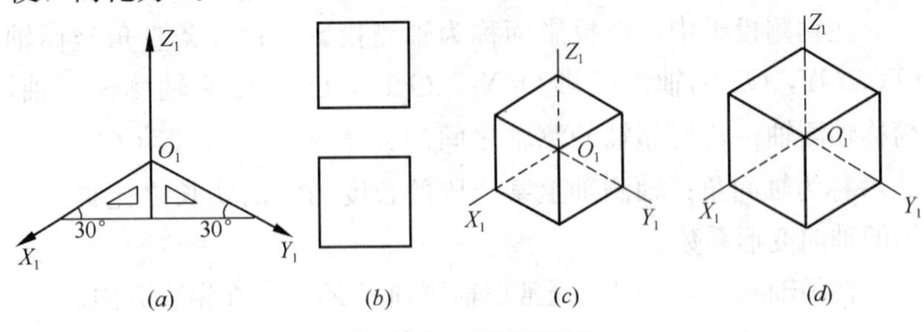

图 2-28　正等测投影

（a）正等轴测轴；（b）正投影图；（c）$p=q=r=0.82$；（d）$p=q=r=1$

表 2-7、表 2-8 所列分别为圆、圆柱的正等测图的画法。

四心圆法画平行 H 面圆的正等测图　　表 2-7

<table>
<tr><td>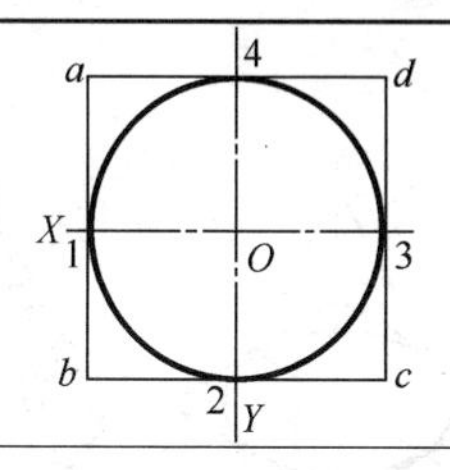
</td><td>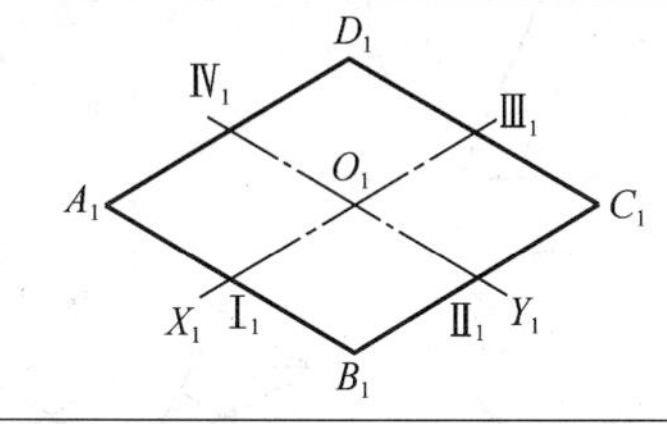
</td></tr>
<tr><td>（a）确定坐标轴并做圆外切四边形 abcd</td><td>（b）作轴测轴 X_1，Y_1 并作圆外切四边形的轴测投影 $A_1B_1C_1D_1$ 得切点Ⅰ$_1$，Ⅱ$_1$，Ⅲ$_1$，Ⅳ$_1$</td></tr>
<tr><td>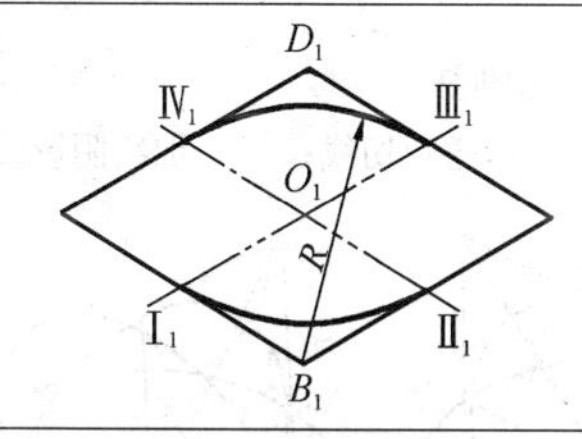
</td><td>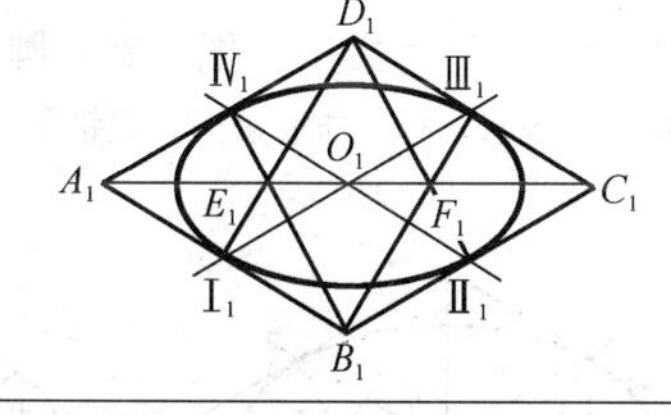
</td></tr>
<tr><td>（c）分别以 B_1，D_1 为圆心，B_1Ⅲ$_1$ 为半径作弧 $\overset{\frown}{Ⅲ_1Ⅳ_1}$ 和 $\overset{\frown}{Ⅰ_1Ⅱ_1}$</td><td>（d）连接 B_1Ⅲ$_1$ 和 B_1Ⅳ$_1$ 交 A_1C_1 于 E_1，F_1，分别以 E_1，F_1 为圆心，E_1Ⅳ$_1$ 为半径作弧 $\overset{\frown}{Ⅰ_1Ⅳ_1}$ 和 $\overset{\frown}{Ⅱ_1Ⅲ_1}$。既得由四段圆弧组成的近似椭圆</td></tr>
</table>

作圆柱正等测图的步骤　　表 2-8

<table>
<tr><td>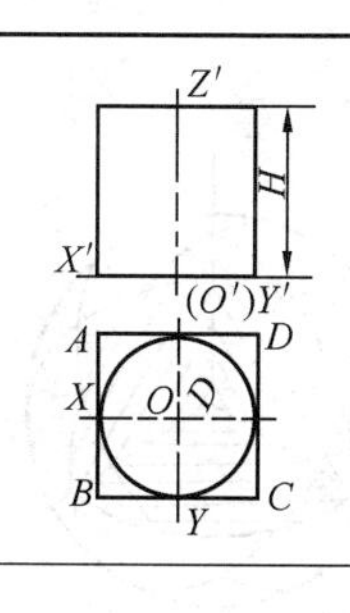
</td><td>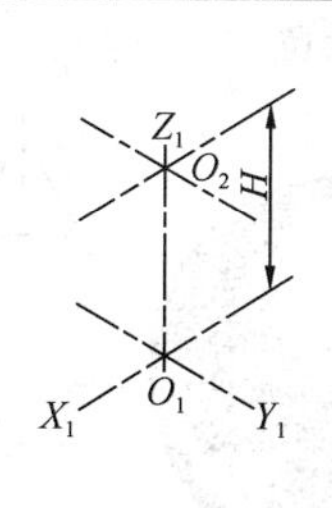
</td><td>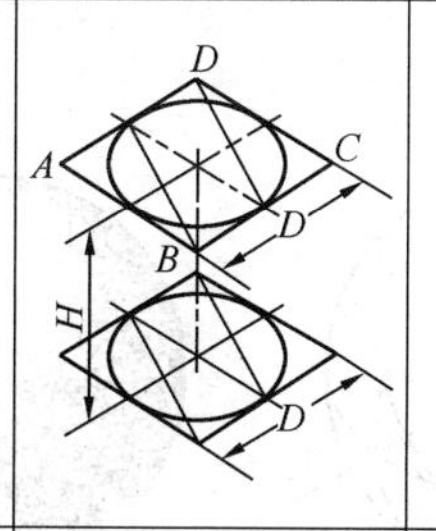
</td><td>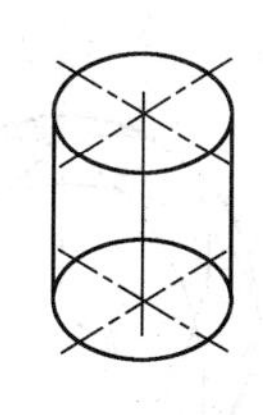</td></tr>
<tr><td>（a）确定坐标轴，在投影为圆的投影图上作圆的外切正方形</td><td>（b）作轴测轴 X_1，Y_1，Z_1，在 Z_1 轴上截取圆柱高度 H，并作 X_1，Y_1 的平行线</td><td>（c）作圆柱上下底圆的轴测投影的椭圆</td><td>（d）作两椭圆的公切线，对可见轮廓线进行加深（虚线省略不画）</td></tr>
</table>

如图 2-29、图 2-30 所示分别为圆锥、球的正等测图的画法。

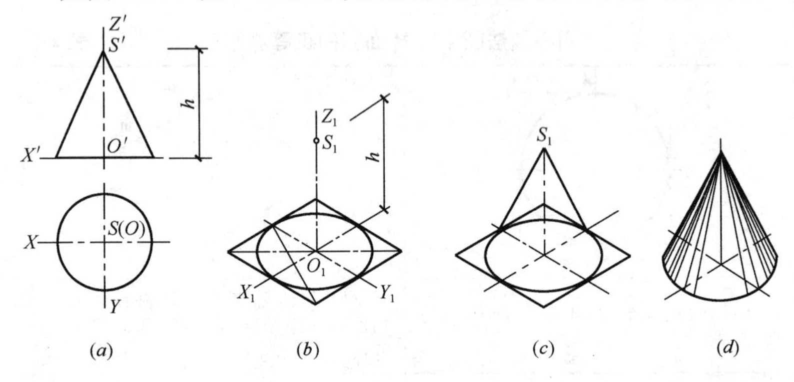

图 2-29　圆锥的正等测画法

（*a*）正投影；（*b*）作底椭圆，定锥顶；（*c*）过锥顶作椭圆切线；（*d*）加绘阴影线

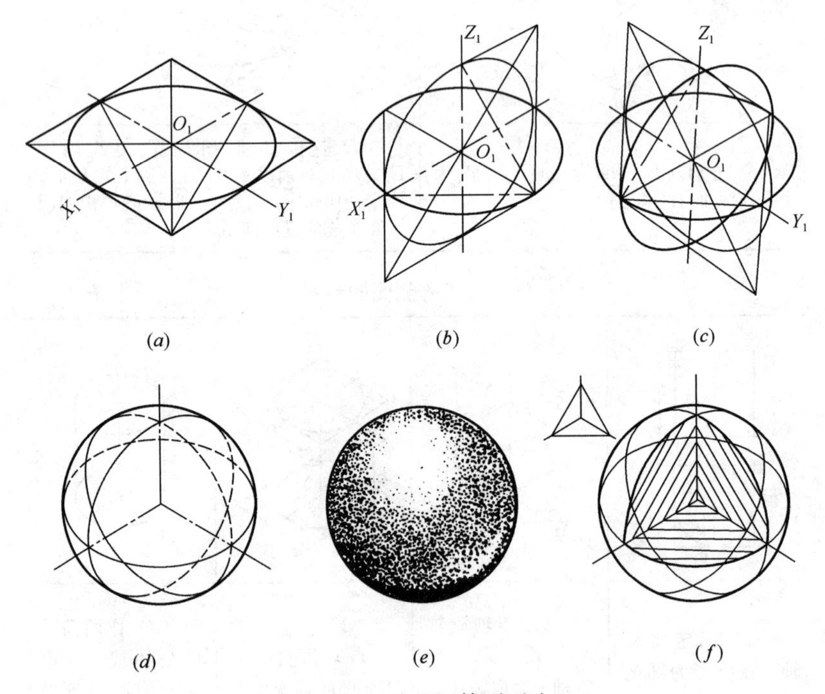

图 2-30　球的正等测画法

（*a*）作水平赤道圆；（*b*）加画正平赤道圆；（*c*）加绘侧平赤道圆；

（*d*）作三椭圆的包络线圆；（*e*）加绘阴影；（*f*）切去 1/8 球

3. 正二等轴测（正二测）投影

如图 2-31 所示为正二测投影。其轴测轴的画法如图 2-31（*a*）所示，三个轴测轴 O_1X_1，O_1Y_1，O_1Z_1 上的轴向变形系数分别为 0.94，0.47，0.94，为了作图简便，可简化为 1，0.5，1。

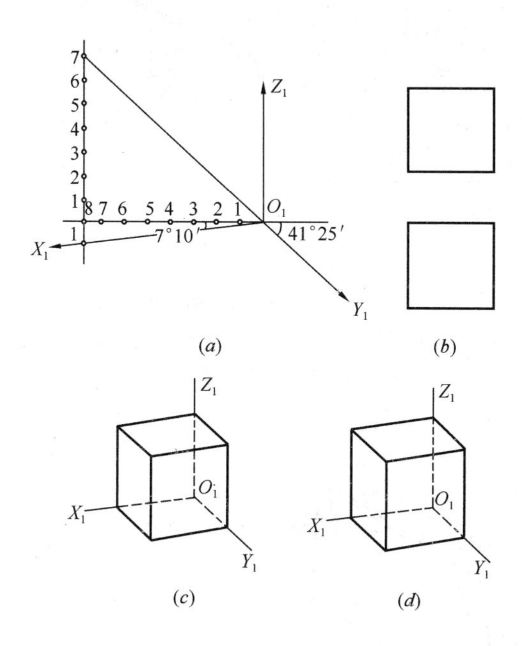

图 2-31　正二测投影

（*a*）正二轴测轴；（*b*）正投影图；（*c*）$p=r=0.94$，$q=0.47$；（*d*）$p=r=1$，$q=0.5$

4. 正面斜轴测投影

正轴测投影面与正立面平行或重合时，所得的斜轴测称为正面斜轴测投影，简称正面斜轴测。如图 2-32 所示为正面斜轴测的形成及常用的轴测轴和变形系数。

5. 水平面斜轴测投影

轴测投影面与水平面平行或重合时，所得的斜轴测称为水平面斜轴测投影，简称水平斜轴测。如图 2-33 所示为水平面斜轴测投影的过程及常用的轴测轴和变形系数。

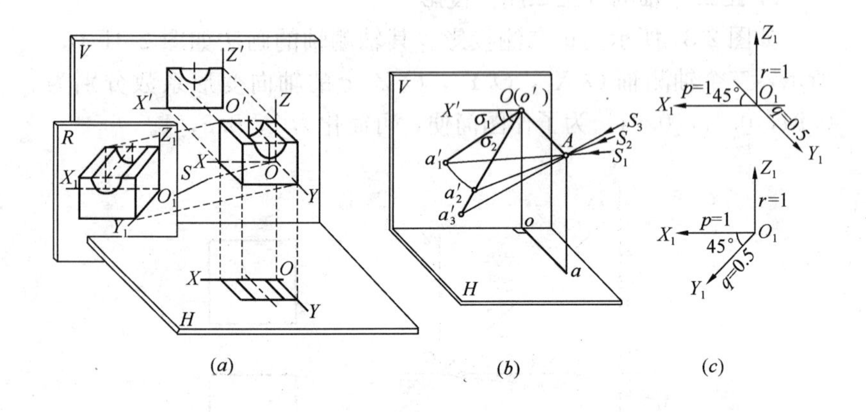

图 2-32　正面斜轴测投影

（a）正面斜轴测投影形成；（b）O_1Y_1轴的变形系数与轴间角互不相关；（c）常用的轴测轴及变形系数

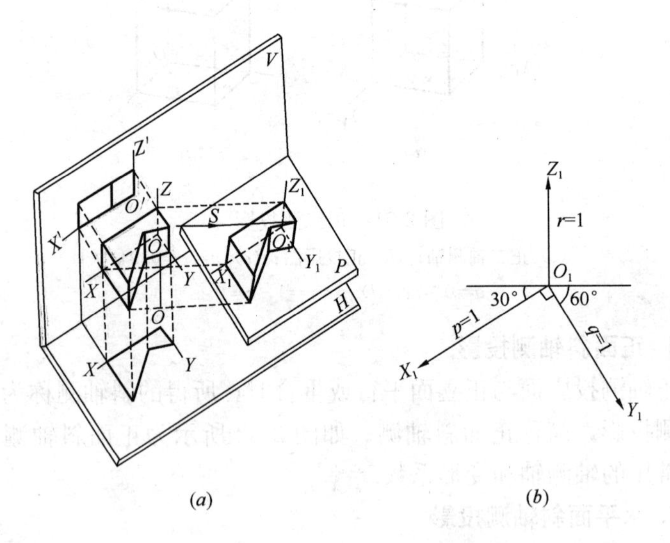

图 2-33　水平面斜轴测投影

（a）水平斜轴测投影过程；（b）常用的轴测轴及变形系数

2.2 管道图表示方法

2.2.1 管道的单线图和双线图

1. 管子的单、双线图

管子用三视图表示如图 2-34（*a*）所示。其单线图表示如图 2-34（*b*)所示，双线图表示如图 2-34（*c*）所示。在单线图中，其平面投影应为一个小圆点，为了方便识别，在小圆点外加画一个小圈。

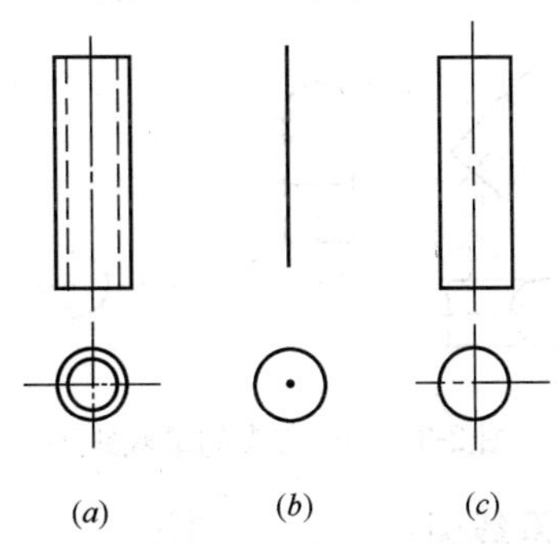

图 2-34 短管的三视图及单、双线图
（*a*）三视图；（*b*）单线图；（*c*）双线图

2. 弯头的单、双线图

如图 2-35（*a*）所示为 90°弯头的双线图，图中省略了内壁虚线和实线。

如图 2-35（*b*）所示为弯头的单线图。在平面图上先看到立管的断口，再看到横管。画图时，对立管断口投影画成有圆心点的小圆，横管画到小圆边上。在侧面图（左视图）上，先看到立管，横管的断面的背面看不到，横管应画成小圆，立管画到小圆的圆心处。

如图 2-36 所示为 45°弯头的单、双线图。45°弯头的画法与 90°弯头的画法相似，90°弯头画出完整小圆，而 45°弯头只画出半圆。

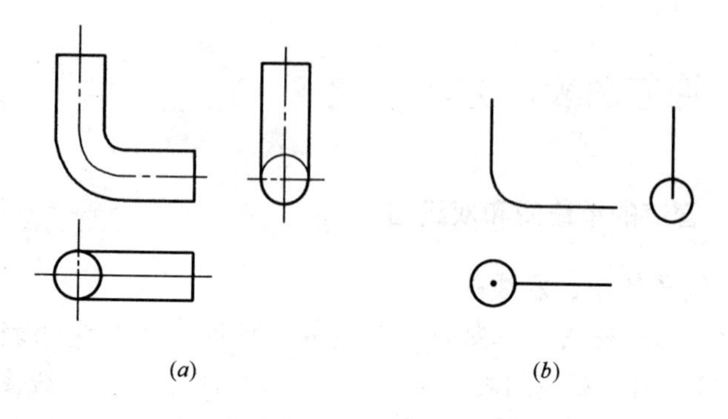

图 2-35　90°弯头的单双线图

（*a*）双线图；（*b*）单线图

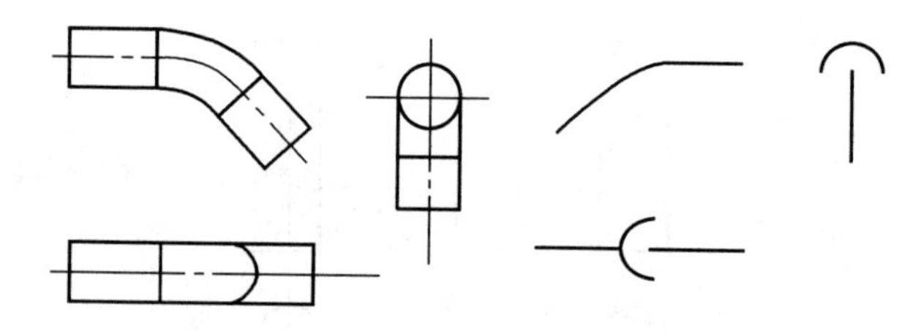

图 2-36　45°弯头的单双线图

3. 三通的单、双线图

如图 2-37 所示为同径正三通和异径正三通的双线图。双线图中省略了内壁虚线和实线，仅画出了外形图样。

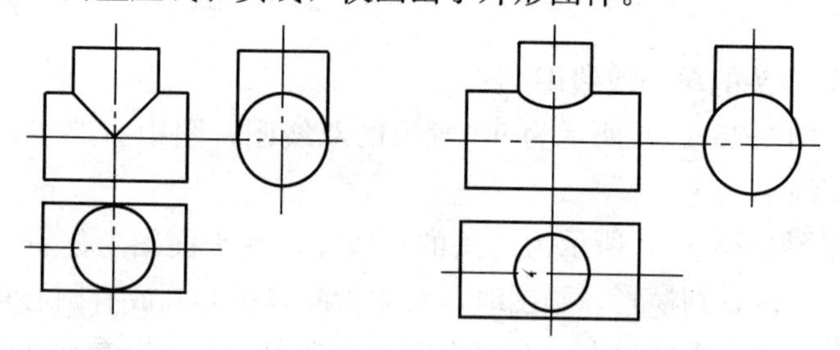

图 2-37　同径正三通、异径正三通双线图

如图 2-38 所示为三通的单线图。在平面图上先看到立管的断口，所以把立管画成圆心有点的小圆，横管画到小圆边上。在左立面（左视图）上先看到横管的断口，因此把横管画成圆心有点的小

圆，立管画在小圆两边。在右立面图（右视图）上，先看到立管，横管的断口在背面看不到，所以横管画成小圆，立管通过圆心。

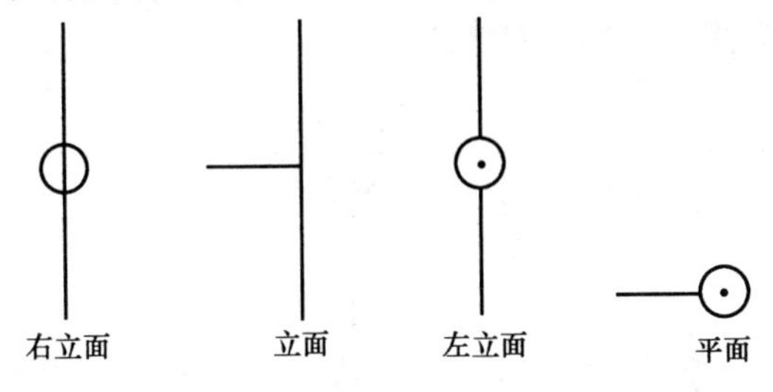

图 2-38　三通的单线图

4. 四通的单、双线图

如图 2-39 所示为同径四通的单、双线图。同径四通与异径四通单线图在图样的表示形式上相同。

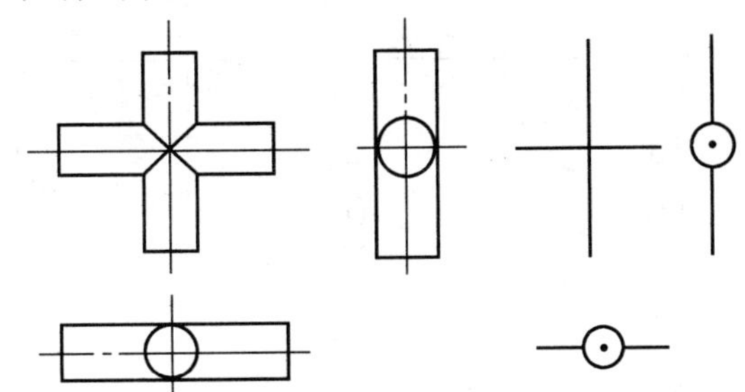

图 2-39　同径四通的单、双线图

5. 大小头的单、双线图

如图 2-40 所示为同心和偏心大小头的单线和双线图。用同心大小头的图样表示偏心大小头时，需要用文字注明“偏心”二字，

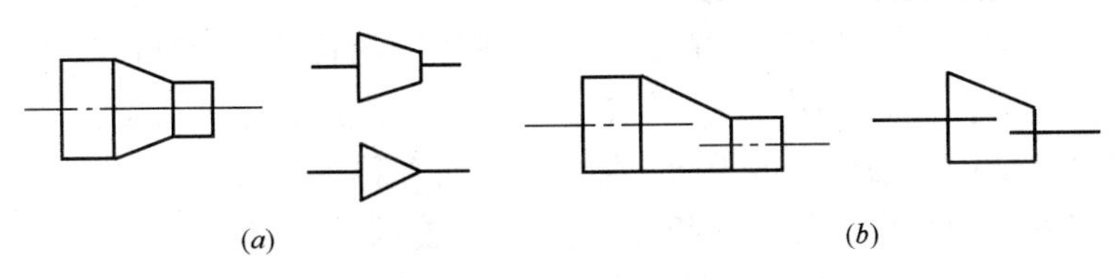

图 2-40　同心和偏心大小头的单、双线图
(a) 同心大小头；(b) 偏心大小头

防止混淆。

6. 阀门的单、双线图

表 2-9 为阀门的单、双线图。

阀门的单、双线图 **表 2-9**

线型	阀柄向前	阀柄向后	阀柄向右
单线图			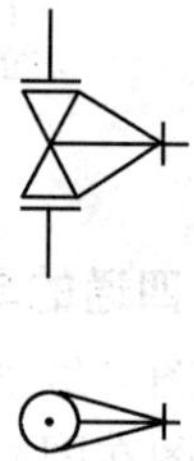
双线图			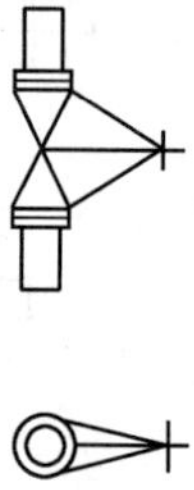

2.2.2 管路重叠和交叉表示

1. 管路重叠的表示方法

长度相等、直径相同的两根或两根以上的管子，如果在垂直位置或者平面位置上平行布置，它们的水平投影或者正立投影将完全重合，如同一根管子的投影一样，这种现象称为管子的重叠。

在工程图中，常用“折断显露法”表示重叠管线，即假设前（上）面一根管子已经截去一段（用折断符号表示），这样便显露出后（下）面一根管子。

如图 2-41 所示为弯管和直管两根重叠管线的平面图（立面图）。

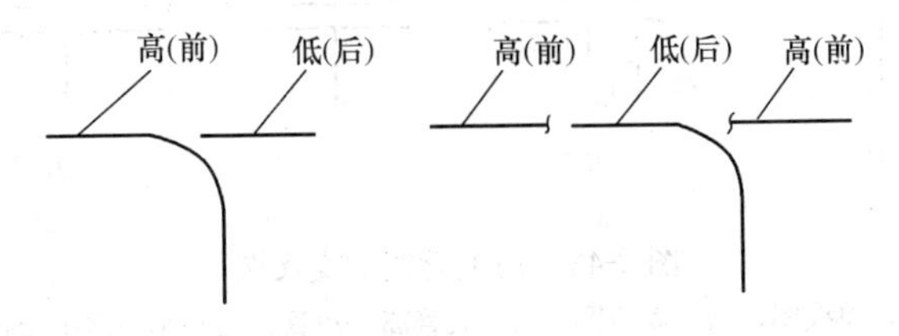

图 2-41 弯管和直管重叠表示法

如图 2-42 所示为四根管径相同、长度相等、由高向低、平行排列的管线。对这种多根管重叠的情况，也用折断显露法来表示。

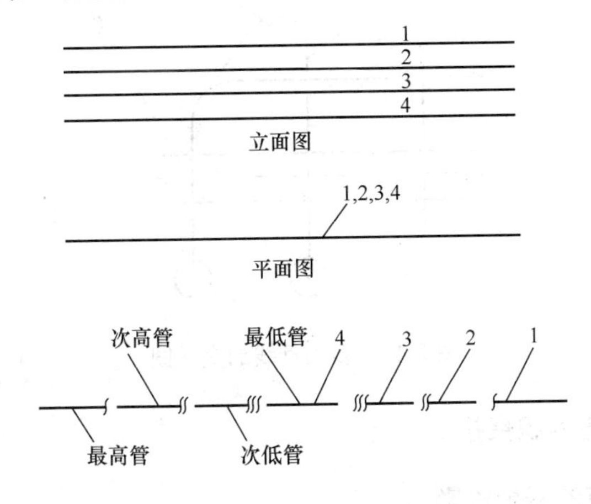

图 2-42 四根成排管线的折断显露表示法

2. 管路交叉的表示方法

如果两根管线交叉，高（前）的管线不论用双线表示，还是用单线表示，都显示完整。低（后）的管线在单线图中用断开表示，在双线图中则用虚线表示清楚，如图 2-43（*a*）、图 2-43（*b*）所示。单、双线图同时存在的平面图中，如果大管（双线）高于小管（单线），则小管的投影在与大管相交的部分用虚线表示，如图 2-43（*c*）所示；如果小管高于大管，则用实线表示，如图 2-43（*d*）所示。

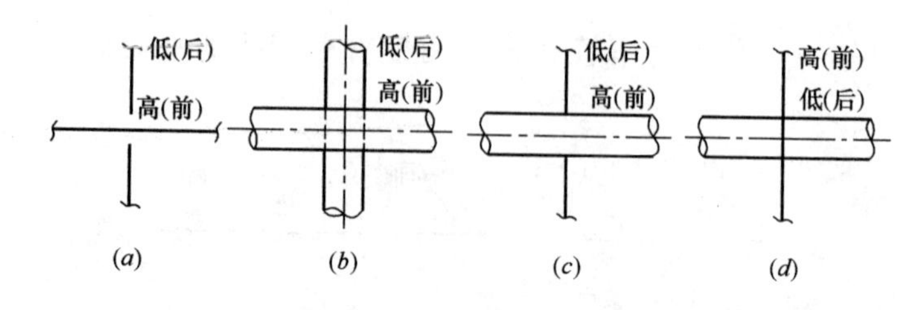

图 2-43 两根管线的交叉图

（a）单线图；（b）双线图；（c）大管高于小管；（d）小管高于大管

对多根管线的交叉也可用前（高）实、后（低）虚或断开的方法表示，如图 2-44 所示。如果该图是立面图，则 a 管在最前面，d 管为次前管，c 管为次后管，b 管在最后面。

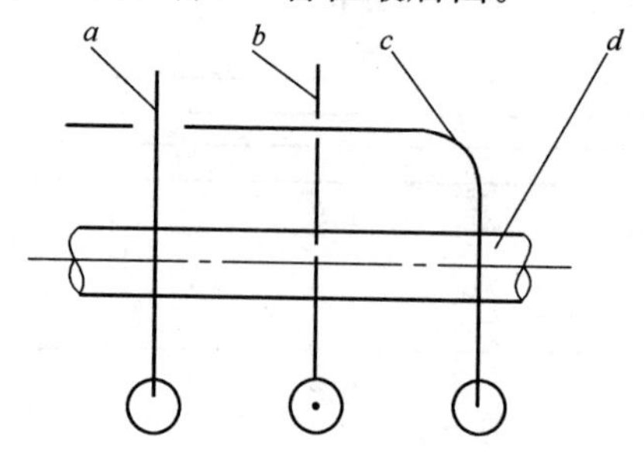

图 2-44 多根管线的交叉图

2.2.3 管道的积聚投影

1. 管道的积聚投影

直管垂直于某一个投影面时，管道在该面上的投影用双线图表示则是一个小圆圈，用单线图表示则是一个小圆点。

弯管由直管和弯头两部分组成，弯管的直管在上，横管在下时，其单线图水平投影横管线从小圆圈边缘引出，以示横管水平投影拐弯点被直管遮挡；弯管的横管在上、直管在下时，其单线图水平投影横管线从小圆圈圆心处引出，以示横管水平投影在管道拐弯点处挡住下面直管的水平投影。

如图 2-45 所示为弯管的积聚投影。

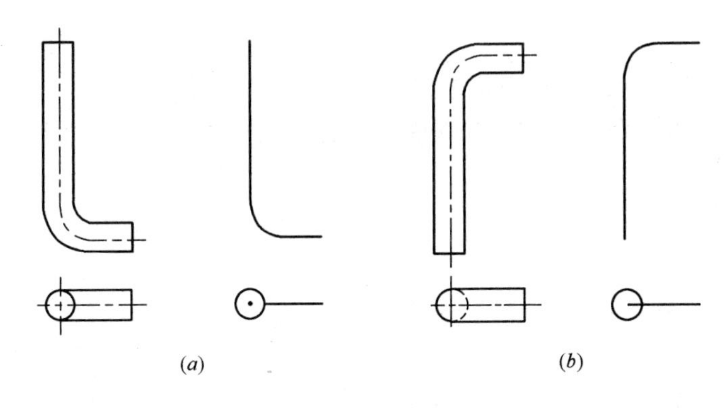

图 2-45　弯管的积聚投影

2. 管道与阀门的积聚投影

直管与阀门相连时，直管的水平投影积聚成小圆并与阀门内径投影重合，如图 2-46 所示。

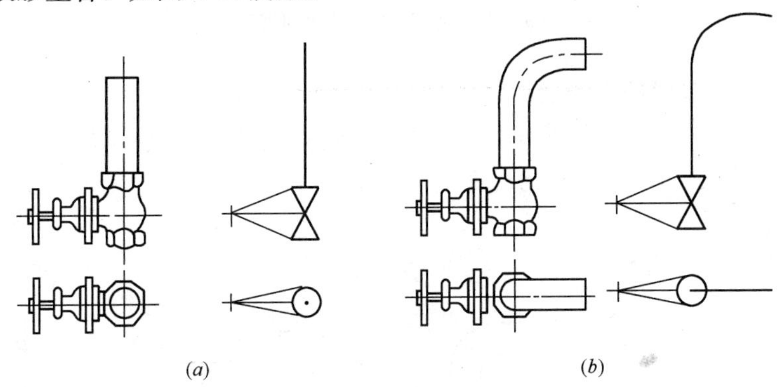

图 2-46　管道与阀门的积聚投影
(a) 直管与阀门的积聚投影；(b) 弯管与阀门的积聚投影

2.2.4　管道剖视图与断面图

1. 管道间的剖视图

管道图的剖视不是把每根管子沿着管子中心线剖切而得到的图形，而是在两根或两根以上的管线与管线之间，假想用剖切平面切开，把切开的前面部分的管线移走，对保留的管线重新投影，这样得到的投影图，称为管道间的剖视图，如图 2-47 所示。

在图 2-47 中有两路管道，1 号管道由来回弯组成，管道上有阀门；2 号管道由摇头弯组成，管道上有大小头。为表示清楚 2 号管道，需要在 1 号和 2 号管道之间剖切，先将 1 号管道移走，再对 2 号管道进行投影，所得的 Ⅰ－Ⅰ 剖视图，实际上是 2 号管道的正立面图。

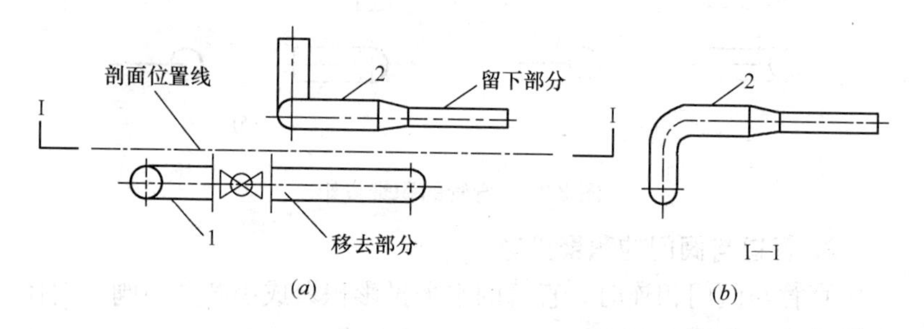

图 2-47　两根管道间的剖视图

2. 单根管道的剖视图

如图 2-48 所示为单根管道的剖视图，实质上就是对敷设管道的建筑物的某一部位的局部剖视。

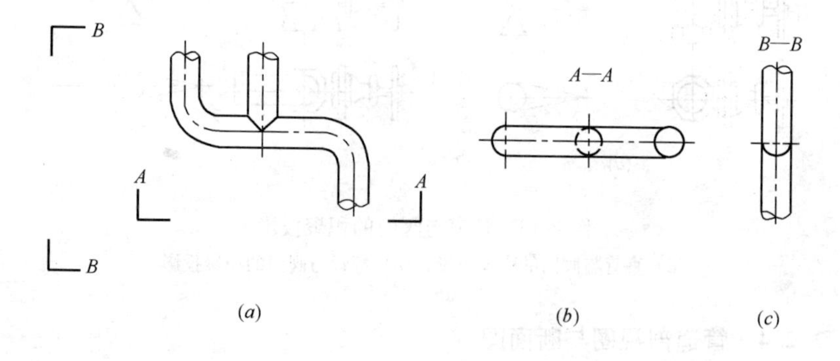

图 2-48　单根管道剖视图

3. 管道断面的剖视图

管道的剖视图有的剖切在管线之间，有的剖切在管线的断面上，如图 2-49 所示。

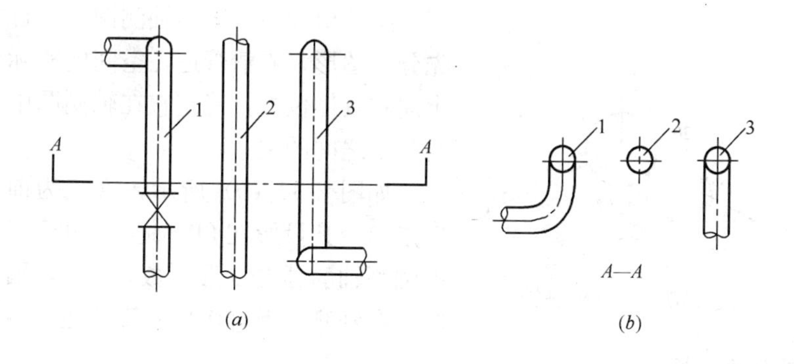

图 2-49 管道断面的剖视图
（*a*）平面图；（*b*）A-A 剖视图

4. 管道间的阶梯剖视图

两个相互平行的平面，在管线间进行剖切，得到的剖面图称为阶梯剖视图，又称转折剖视图。如图 2-50 所示。

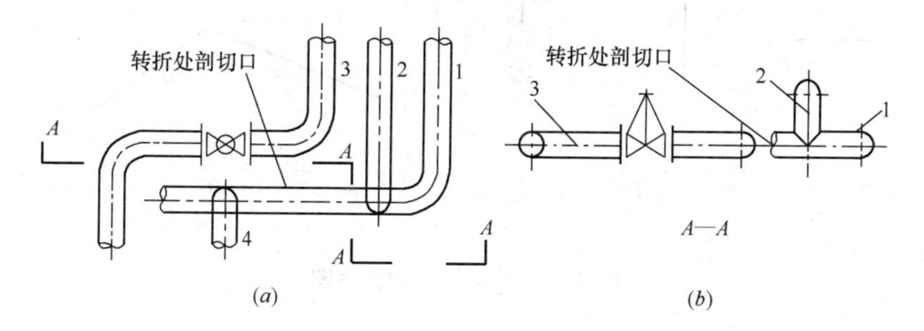

图 2-50 管道间的阶梯剖视图
（*a*）平面图；（*b*）A-A 剖视图

2.2.5 管道轴测图

1. 管道的正等轴测图

画管道的正等轴测图时，如图 2-51 所示，首先选定正等轴测轴。

（1）单根管道的正等轴测图

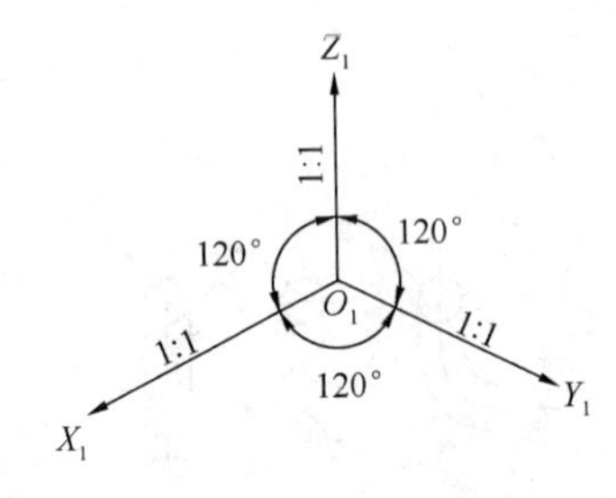

图 2-51　正等轴测轴

画单根管道的正等轴测图时，首先分析图形，弄清管道在空间的实际走向和具体位置，确定它在轴测图中与各轴之间的关系。

如图 2-52（*b*）所示，管道为前后走向，其投影在 *OY* 轴上。由于三条轴测轴的轴向变形系数均为 1，因此可在轴测轴上直接量取管道在平面图上的实长。

图 2-52（*a*）中的管道为左右走向。

图 2-52（*c*）中的管道为上下走向。

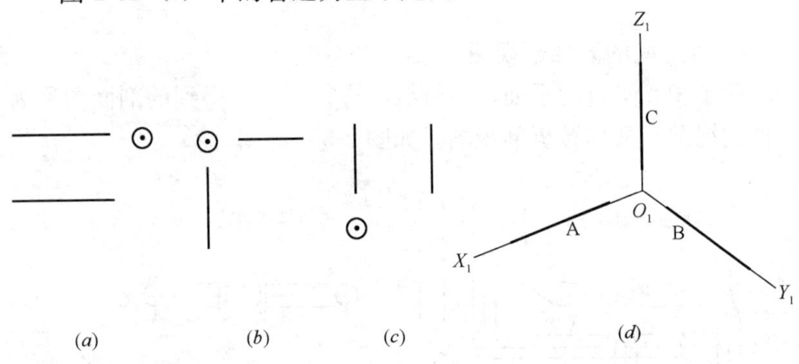

图 2-52　单根管道的轴测图

（2）多根管道的正等轴测图

如图 2-53 所示为三根左右水平走向、两根前后水平走向管道的正投影和正等轴测图。

（3）交叉管道的正等轴测图

如图 2-54 所示为交叉管道的正投影图和正等轴测图。其中两根为左右水平方向，另两根为前后水平方向，两根管道的标高不同。在轴测图中，可见的管道需画完整，不可见的管道用折线断开。

如图 2-55 所示为弯管的轴测图。

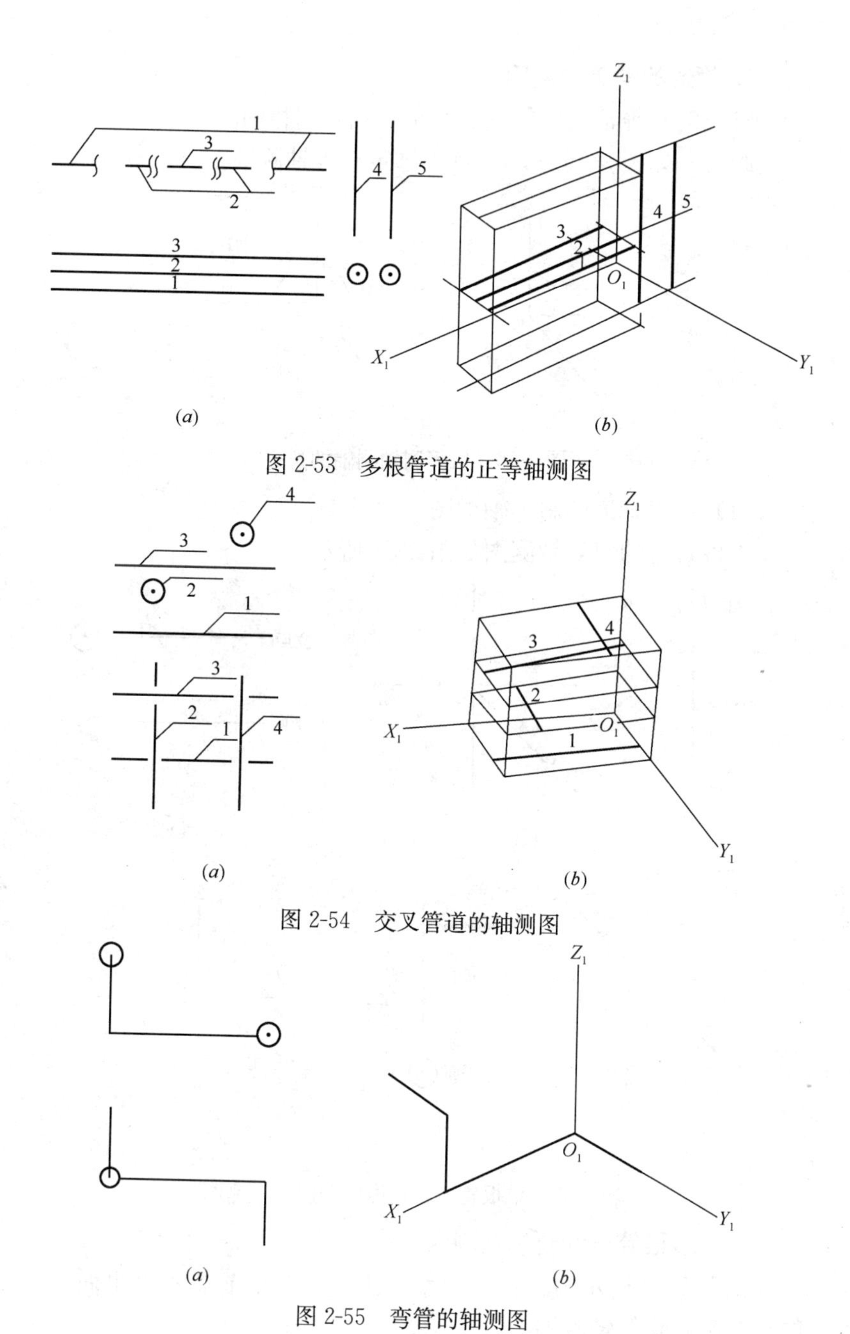

图 2-53　多根管道的正等轴测图

图 2-54　交叉管道的轴测图

图 2-55　弯管的轴测图

2. 管道的斜等轴测图

管道的斜等轴测图的画法与正等轴测图相同。

画时，如图 2-56 所示，首先选定斜等轴测轴。

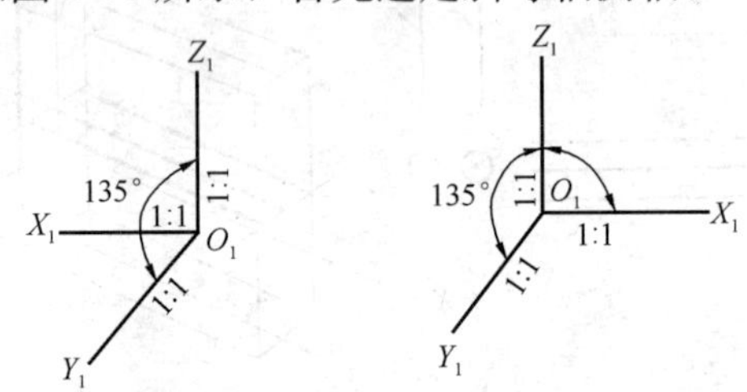

图 2-56　斜等测轴测轴的选定

（1）单根管道的斜等轴测图

单根管道的斜等轴测图如图 2-57 所示。

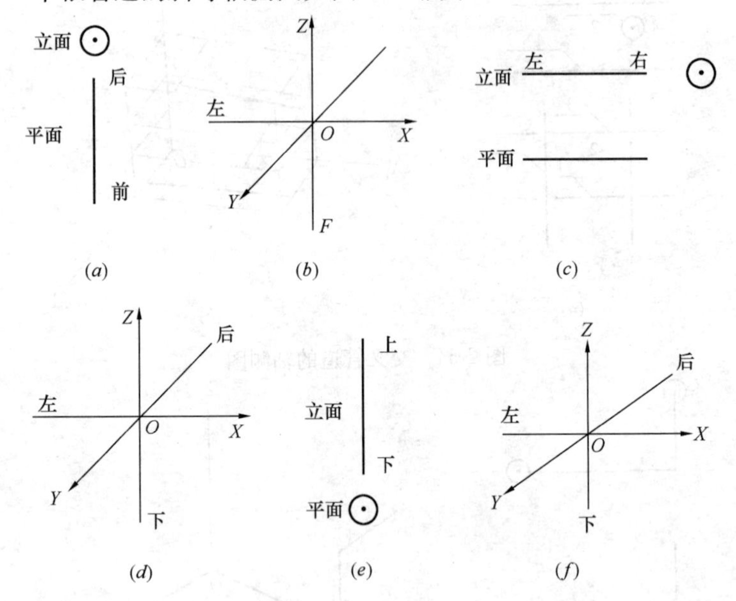

图 2-57　单根管道正投影图和斜等轴测图

（2）多根管道的斜等轴测图

如图 2-58 所示为三根左右水平走向、两根前后水平走向管道的正投影和斜等轴测图。

(3) 交叉管道的斜等轴测图

如图 2-59 所示为两根交叉管道的正投影图和正等轴测图。其中，一根为左右水平方向，另一根为前后水平方向，两根管道的标高不同。

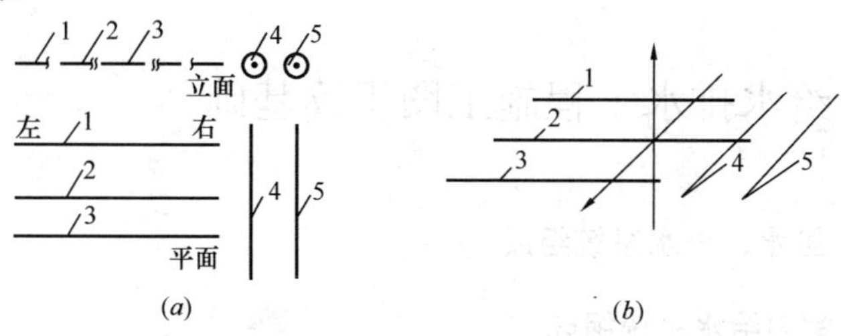

图 2-58 多根管线的斜等测图

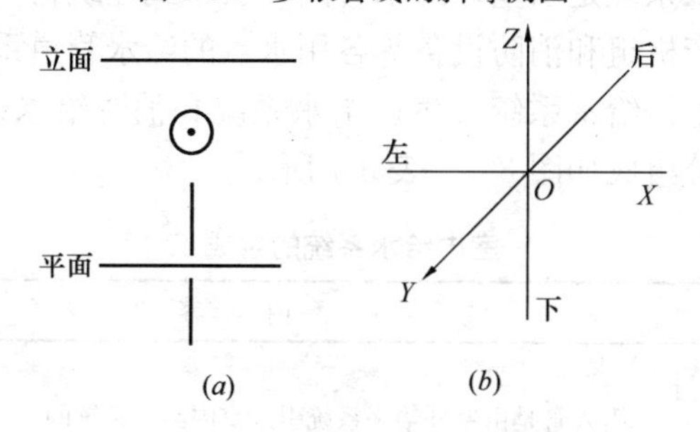

图 2-59 交叉管道的正投影图和轴测图

(4) 带阀门管道的斜等轴测图

如图 2-60 所示为带阀门管道的正投影图和斜等轴测图。其中横管 3 在立管 1 前面，且高于立管 1，所以，立管 1 要断开。

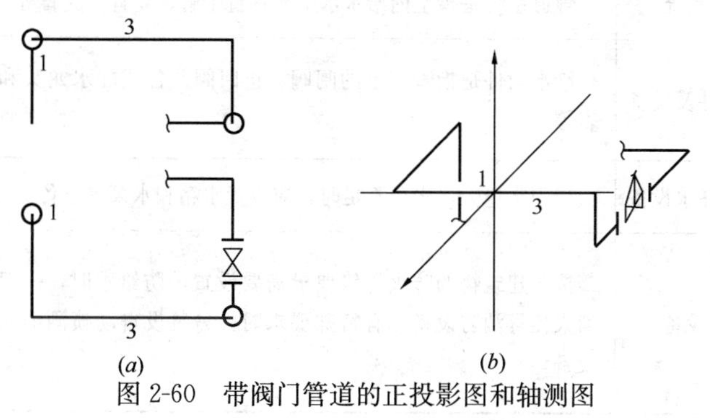

图 2-60 带阀门管道的正投影图和轴测图

3 怎样识读管道工程施工图

3.1 给水排水工程施工图识读基础

3.1.1 给水、排水系统组成

1. 室内给水系统组成

室内给水系统是从室外给水管网，引水到建筑物内部的各种配水龙头、生产机组和消防设备等各用水点的给水管道系统。按用途不同可分为生活给水系统、生产给水系统和消防给水系统三部分，各系统的部分组成如图 3-1、表 3-1 所示。

室内给水系统的组成 **表 3-1**

项　目	内　　容
引入管（也称作进户管）	引入管是由室外给水系统引入室内给水系统的一段水平管道
水表节点	水表节点是指引入管上设置的水表及前后设置的闸门、泄水装置等的总称。所有装置一般均设置在水表井内
管道系统	管道系统是指室内给水水平或垂直干管、立管、支管等
给水附件及设备	给水附件是指管道上的闸阀、止回阀及各式配水龙头和分户水表等
升压和储水设备	当用水量大，水压不足时，应设置水箱和水泵等设备
消防设备	按照建筑物的防火等级要求需要设置消防给水时，一般应设置消火栓等消防设备，有特殊要求时，另装设自动喷洒消防或水幕设备

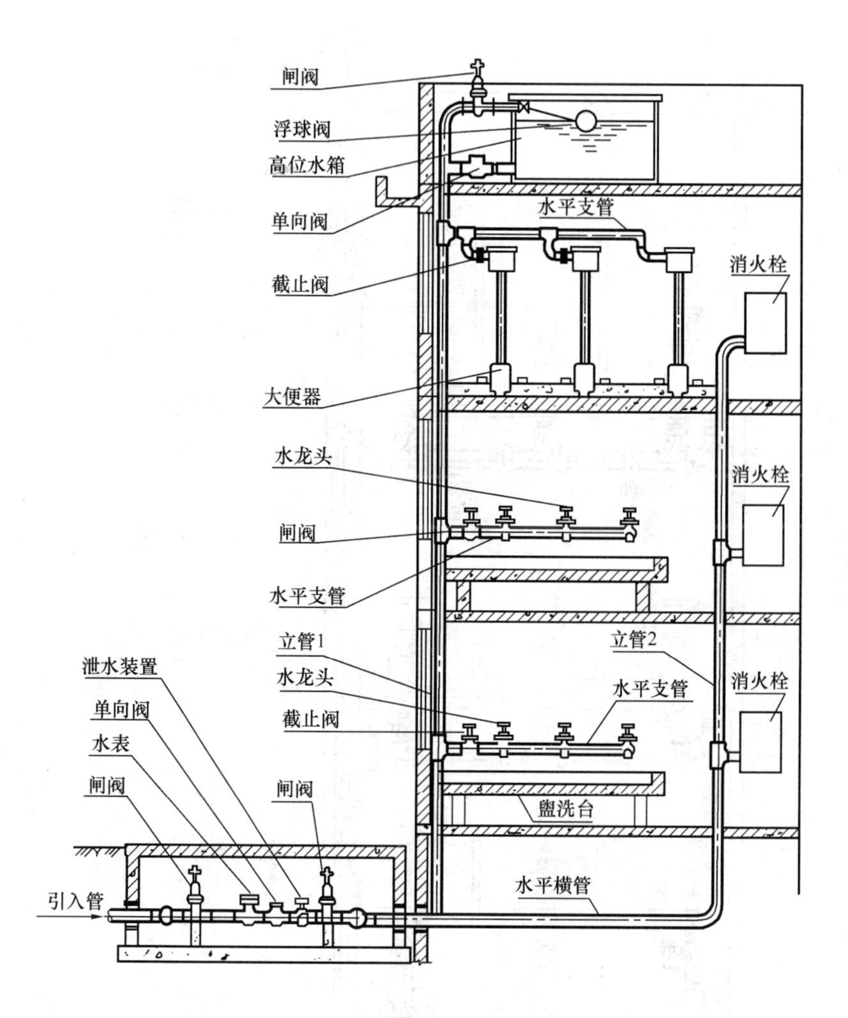

图 3-1　室内给水系统的组成示意图

2. 室内排水系统的组成

室内排水系统是把室内各用水点的污水（废水）和屋面雨水排到建筑物外部的排水管道系统。民用建筑室内排水系统通常是指排除生活污水。排除雨水的管道应该单独设置，不可与生活污水合流。室内排水系统的组成如图 3-2、表 3-2 所示。

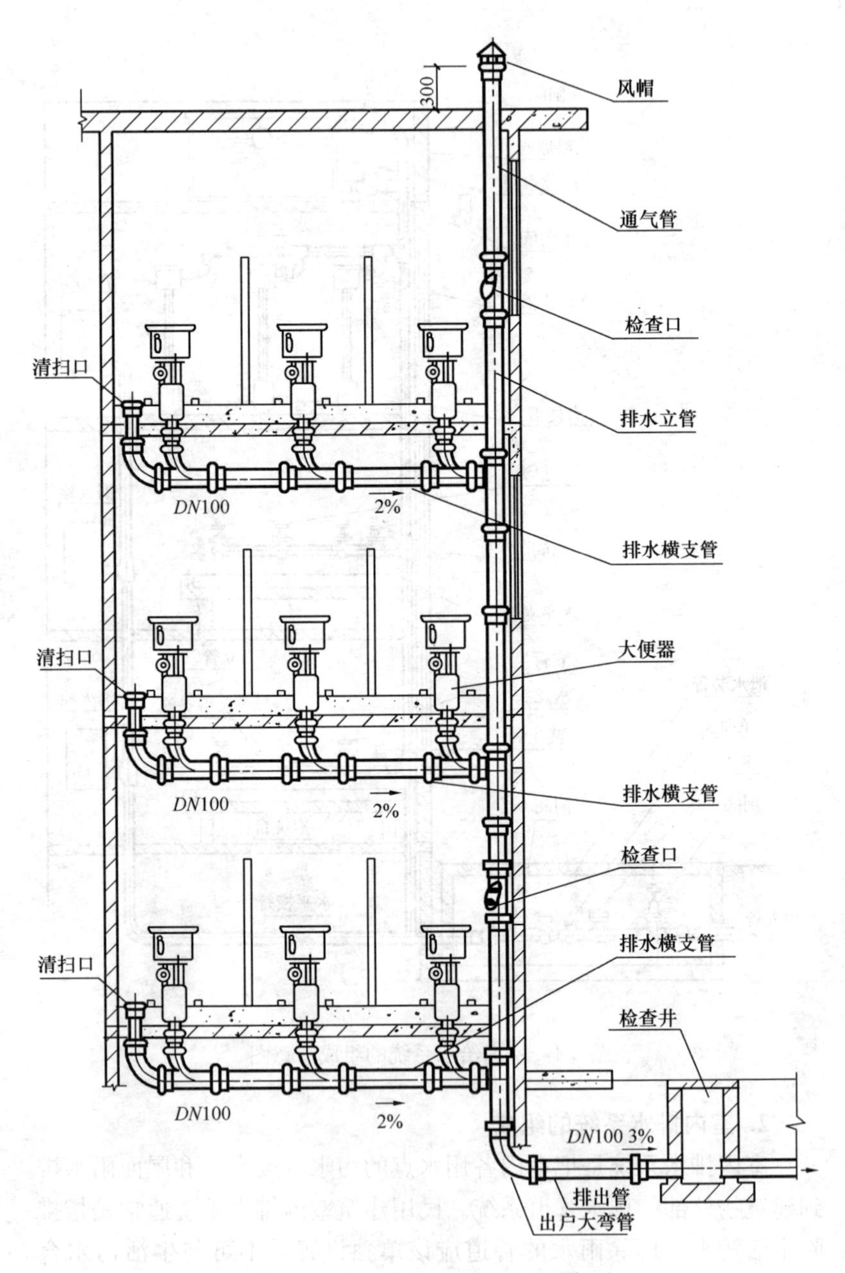

图 3-2　室内排水系统的组成示意图

室内排水系统的组成 **表 3-2**

项　目	内　　容
排水横管	排水横管是指连接各卫生器具的水平管道，应有一定的坡度指向排水立管。当卫生器具较多时，应设置清扫口
排水立管	排水立管是指连接排水横管和排出管之间的竖向管道。立管在底层和顶层应设置检查口，多层房屋应每隔一层设置一个检查口，检查口距楼、地面高 1m
排出管	排出管是指连接排水立管将污水排出室外检查井的水平管道。排出管向检查井方向应有一定的坡度
通气管	通气管是设置在顶层检查口以上的一段立管，用来排出臭气，平衡气压，防止卫生器具水封破坏，使室内排水管道中散发的臭气和有害气体排到大气中去。通气管应高出屋面 0.3m 以上，并大于积雪厚度，通气管顶端应装置通气帽
检查井或化粪池	生活污水由排出管引向室外排水系统之前，为了将污水进行初步处理，应设置检查井或化粪池
卫生器具	是接受、排出人们在日常生活中产生的污废水或污物的容器或装置
生产设备受水器	生产设备受水器是接受、排出工业企业在生产过程中产生的污废水或污物的容器或装置

3.1.2 建筑内部给水方式

1. 直接给水方式

建筑物内部只设有给水管道系统，不设增压及贮水设备，室内给水管道系统与室外供水管网直接相连，利用室外管网压力直接向室内给水系统供水，即直接给水方式，如图 3-3 所示。

2. 单设水箱给水方式

单设水箱给水方式如图 3-4 所示，其适用于室外管网水压出现周期性不足及室内用水要求水压稳定，并且允许设置水箱的建筑物。在室外管网水压周期性不足的多层建筑中，也可以采用如图3-5 所示的给水方式，即建筑物下面几层由室外管网直接供水，建筑物上面几层采用有水箱的给水方式，这样可以减小水箱的容积。

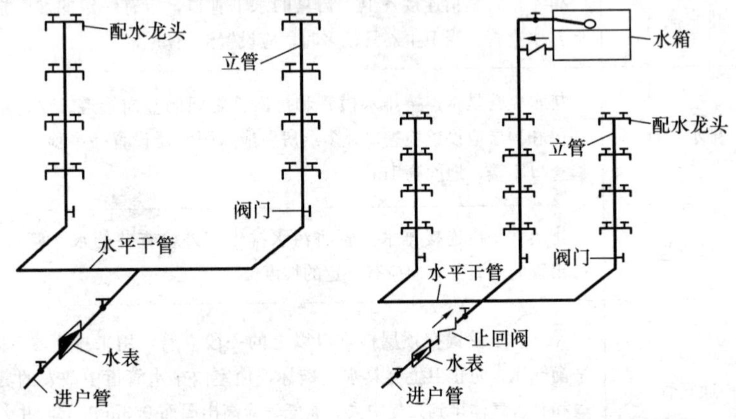

图 3-3　直接供水方式　　图 3-4　单设水箱给水方式

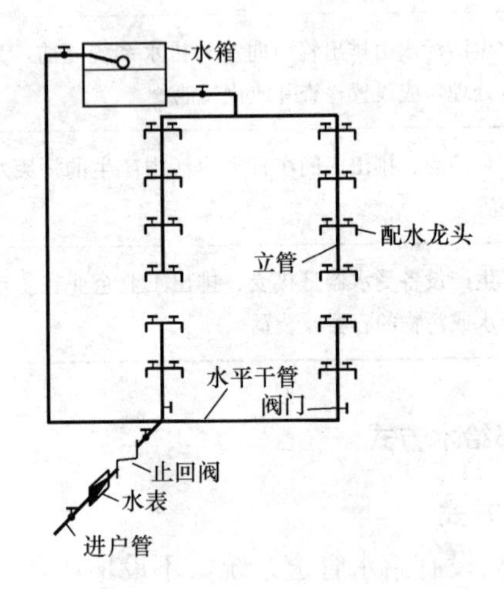

图 3-5　下层直接给水、上层水箱给水方式

3. 设水池、水泵、水箱联合给水方式

当室外给水管网水压经常性不足、室内用水不均匀、室外管网不允许水泵直接吸水并且建筑物允许设置水箱时，通常采用水池、水泵、水箱联合给水方式，如图 3-6 所示。

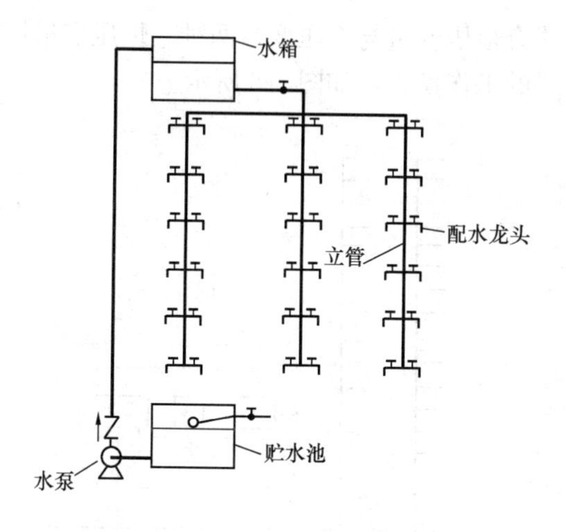

图 3-6　水池、水泵、水箱联合给水方式

4. 设气压设备的给水方式

利用密闭压力水罐取代水泵水箱联合给水方式中的高位水箱，形成气压给水方式，如图 3-7 所示。

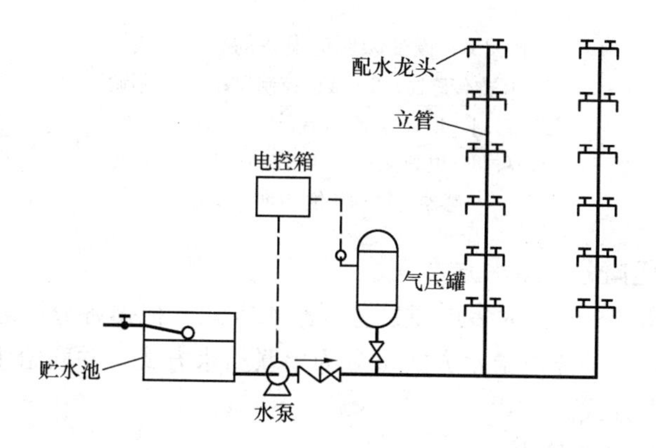

图 3-7　气压给水方式

5. 设变频调速设备的给水方式

变频调速给水设备主要由微机控制器、变频调速器、水泵机组、压力传感器（或电触点压力表）四部分组成。变频调速给水设

备的控制方式有恒压变量与变压变量两种。恒压变量控制方式通常采用多泵并联的工作模式，如图 3-8 所示。

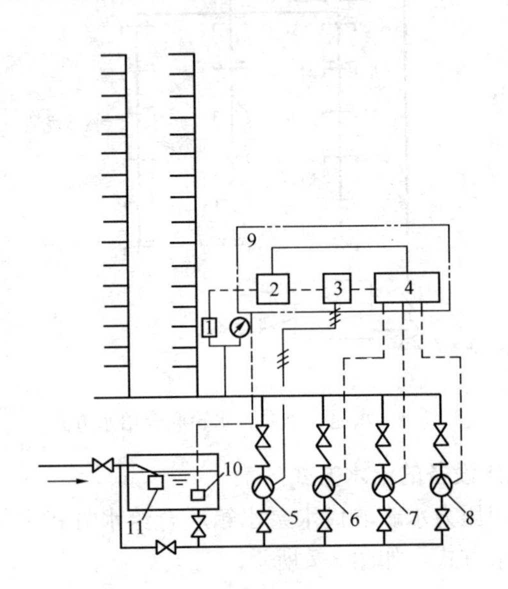

图 3-8 设变频调速设备的给水方式
1—压力传感器；2—微机控制器；3—变频调速器；4—恒速泵控制器；5—变频调速泵；6、7、8—恒速泵；9—电控柜；10—水位传感器；11—液位自动控制阀

6. 竖向分区给水方式

如图 3-9 所示为多层建筑分区给水方式。根据各分区之间的相互关系，高层建筑给水方式可分为串联给水方式、并联给水方式和减压给水方式。

（1）串联给水方式

串联给水方式的各分区均设有水泵和水箱，上区的水泵从下区的水箱中抽水。如图 3-10 所示。

（2）并联给水方式

并联给水方式如图 3-11 所示。这种给水方式广泛应用在允许分区设置水箱的各类高度不超过 100m 的高层建筑中。采用这种给

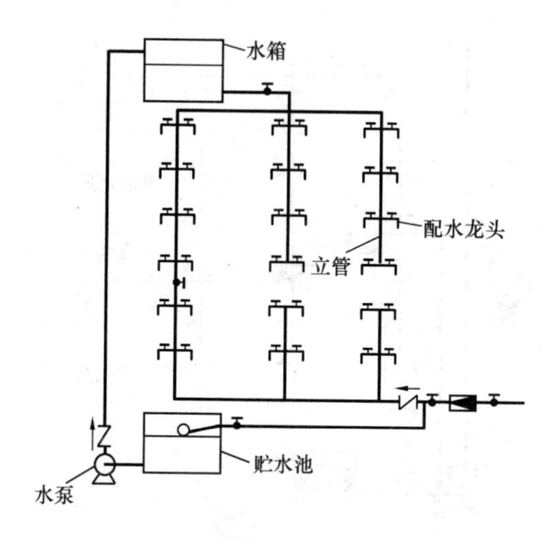

图 3-9　多层建筑分区给水方式

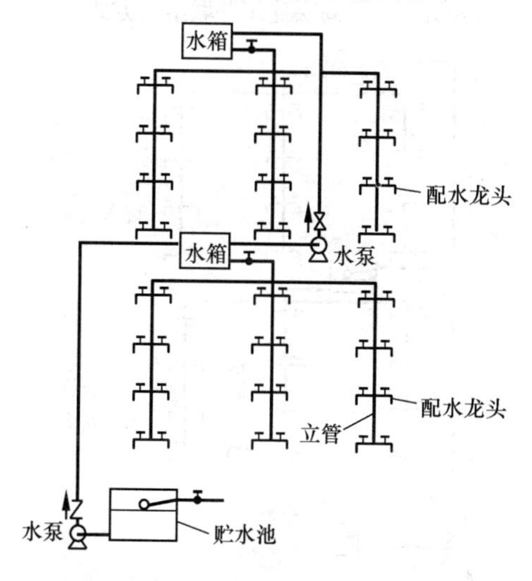

图 3-10　高层建筑串联给水方式

水方式供水，水泵宜采用相同型号、不同级数的多级水泵，并应尽可能利用外网水压直接向下层供水。

对于分区不多的高层建筑，当电价较低时，也可以采用单管并联给水方式，如图 3-12 所示。采用这种给水方式供水，低区水箱进水管上应设置减压阀，以防浮球阀损坏和减缓水锤作用。

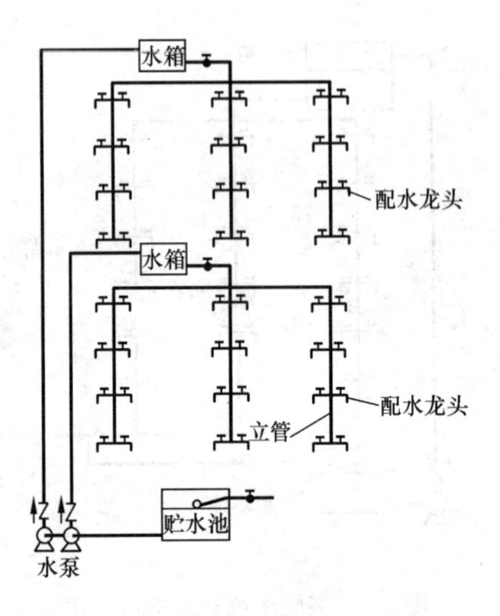

图 3-11　高层建筑并联给水方式

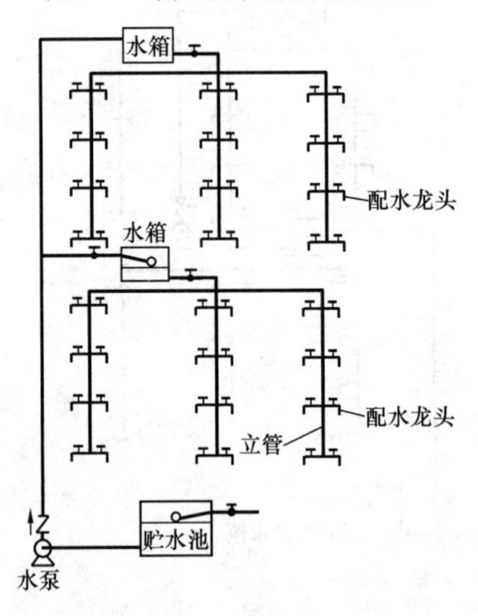

图 3-12　单管并联给水方式给水方式

（3）减压给水方式

减压给水方式分为减压水箱给水方式和减压阀给水方式，如图 3-13 所示。这两种方式的共同点是建筑物的用水由设置在底层的水泵一次性提升到屋顶总水箱，再由此水箱依次向下区减压供水。

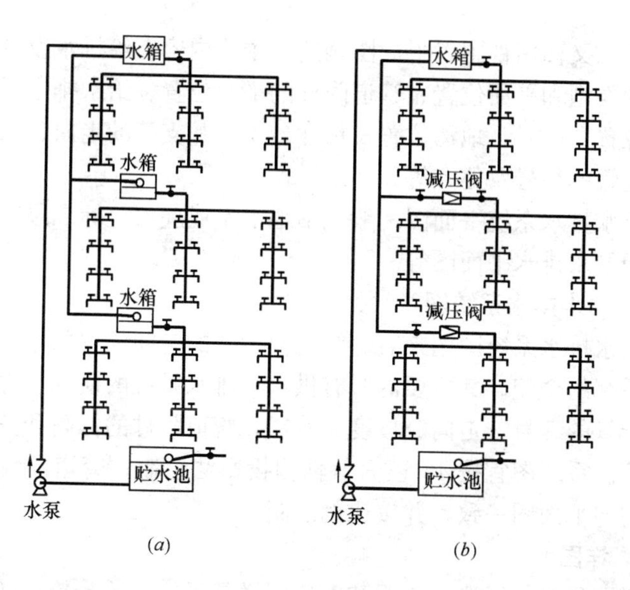

图 3-13 减压给水方式

（*a*）水箱减压方式；（*b*）减压阀减压方式

3.1.3 室内给水排水施工图组成

1. 图样目录

图样目录是将全部施工图样进行分类编号，并填入图样目录表格中，一般作为施工图的首页，用于施工技术档案的管理。

2. 设计说明

用必要的文字来表明工程的概况及设计者的意图，是设计的重要组成部分。给水排水设计说明主要阐述给水排水系统采用的管材、管件及连接方法，给水设备和消防设备的类型及安装方式，管道的防腐、保温方法，系统的试压要求，供水方式的选用，遵照的施工验收规范及标准图集等内容。

3. 设备材料表

设备材料表是将施工过程中用到的主要材料和设备列成明细表，标明其名称、规格、数量等，以供施工备料时参考。

4. 给水排水系统平面图

给水排水系统平面图是在水平剖切后，自上而下垂直俯视的可见图形，又称俯视图。平面图阐述的主要内容有给排水设备、卫生器具的类型和平面位置、管道附件的平面位置、给水排水系统的出入口位置和编号、地沟位置及尺寸、干管和支管的走向、坡度和位置、立管的编号及位置等。

给水排水系统平面图一般包括地下室或底层、标准层、顶层及水箱间给水排水平面图等。

5. 给水排水系统图

给水排水系统图用来表达管道及设备的空间位置关系，可反映整个系统的全貌。其主要内容有供水、排水系统的横管、立管、支管、干管的编号、走向、坡度、管径，管道附件的标高和空间相对位置等。系统图宜按45°正面斜轴测投影法绘制；管道的编号、布置方向与平面图一致，并按比例绘制。

6. 详图

详图是对设计施工说明和上述图样都无法表示清楚，又无标准设计图可供选用的设备、器具安装图、非标准设备制造图或设计者自己的创新，按放大比例由设计人员绘制的施工图。详图编号应与其他图样相对应。

7. 标准图

标准图分为全国统一标准图和地方标准图，是施工图的一种，具有法令性，是设计、监理、预算和施工质量检查的重要依据，设计者必须执行，设计时只需选出标准图图号即可。

3.1.4 小区给水排水施工图组成

小区给水排水施工图一般由平面图、剖面图和详图等组成。

1. 小区给水排水平面图

管网平面布置图应以管道布置为重点，用粗线条重点表示小区给水排水管道的平面位置、走向、管径、标高、管线长度；小区给水排水构筑物的平面位置、编号，如室外消火栓井、水表井、阀门井、管道支墩、排水检查井、化粪池、雨水口及其他污水局部处理构筑物等。检查井用直径2～3mm的小圆表示。

2. 管道纵断面图

管道纵断面图是在某一部位沿管道纵向垂直剖切后的可见图形，用于表明设备和管道的立面形状、安装高度及管道和管道之间的布置与连接关系。

管道纵剖面图的内容包括干管的管径、埋设深度、地面标高、管顶标高、排水管的水面标高、与其他管道及地沟的距离和相对位置、管径、管线长度、坡度、管道转向及构筑物编号等。

3. 详图

室外给水排水详图主要反映各给水排水构筑物的构造、管道连接方法、附件的做法等，一般有标准图可供选用。

3.2 燃气工程施工图识读基础

3.2.1 室内燃气管道系统的组成

室内燃气管道系统由引入管、主干管道（立管）、用户支管、表后管、阀门及其配件等构成。

（1）用户表前管部分：引入管、主干管道（立管）、用户支管、用户单元总阀。

（2）用户表后管部分：表后管、切断阀门、用气点（燃气灶具、热水炉、热水器等）。

3.2.2 燃气管道施工图识读

1. 燃气管道工程图的组成

燃气管道工程图主要有各层平面图、系统图和详图组成。

（1）平面图

燃气管道工程平面图表明建筑物燃气管道和设备的平面布置。即引入管与室外管网、燃气设备、管道系统、阀门及燃气表等平面布置情况、规格尺寸和相互关系。

（2）系统图

燃气管道工程系统图是表明燃气管道系统空间关系的立体图。即管道系统的方向、管道分支情况、立管编号、管径尺寸和管道标高等。

（3）详图

燃气管道工程详图表明具体部位的详细做法。

2. 燃气管道工程图的识读方法

（1）首先识读平面图，了解管道和设备的平面布置。即引入管、干管、立管、阀门、燃气设备的平面位置。

（2）将系统图与平面图对照进行，沿着燃气流向，从引入管开始，依次读立、支管、燃气表、器具连接管、灶具等。

（3）对具体部位的详细做法没有特殊要求一般不绘施工图。

3.3 管道工程施工图识读实例

实例1：给水排水平面图识读

阅读建筑给水排水平面图应注意以下方面：

（1）给水排水平面图主要表示给水立管的位置、支管的布置；热水立管的位置、支管的布置；排水立管的位置、排出管的位置及标高、排水支管的布置，管道直径等。

（2）给水引入管和污水排出管都是用编号注写的，编号和管道种类分别写在直径均为8～10mm的圆内，圆内过圆心划一水平线，线上标注管道种类，线下标注该系统编号，用阿拉伯数字写。如给水管写“给”或汉语拼音字母“J”，排水管写“排”或汉语拼音字母“P”。

（3）平面图只表示出管道平面位置，立面位置可在系统图中找到。

（4）排水系统的横管一般设在地面以下，即下一层的屋顶，绘平面图时，将排水横管画在本层。

（5）如设3为首层平面，其排水横管的位置应在首层地面以下，即地下一层的屋顶，但这些管道均在首层平面图上表示，不画在地下一层平面。

下面通过实例讲解怎样看建筑给水排水平面图，如图3-14所示为首层给排水平面图。

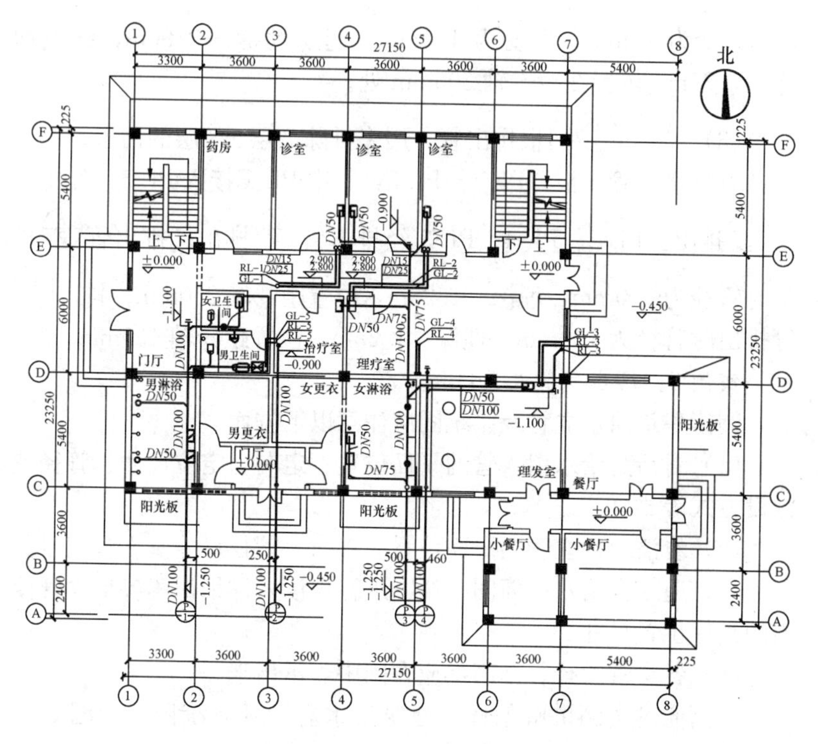

图 3-14　首层给排水平面图

从上图中可以看出以下内容：

（1）图中表示出给水立管 GL-1～GL-5、热水立管 RL-1～RL-5 的位置，及首层平面给水、热水支管的布置。如给水立管 GL-3，位置在⑦轴的西侧、D 轴的北侧。从该立管引出水平支管，先向西，再向南，过 D 轴向下，其最终将水送到理发室的用水设备。

（2）该排水系统共有 4 根排出管 $\frac{P}{1}$、$\frac{P}{2}$、$\frac{P}{3}$、$\frac{P}{4}$。其中 $\frac{P}{1}$ 和 $\frac{P}{3}$ 两根排出管是用来排除首层中各用水设备排除后的污水。男卫生间、女卫生间、男浴室中各卫生器具的排水接入排出管 $\frac{P}{1}$。该排出管管径为 100mm，起点埋深 − 1.10m，终点埋深−1.25m，位置在距②轴 500mm 处。各诊室、治疗室、理疗室、理发室、女浴室中卫生器具排出的污水排入排出管 $\frac{P}{3}$，管径从

50mm 变为 75mm，再变为 100mm。起点埋深－0.90m，终点埋深－1.25m，位置在距⑤轴 500mm 处。

(3) $\frac{P}{2}$和$\frac{P}{4}$两根排出管，用来排除 2 层、3 层的污水。2～3 层共有排水立管 5 根，PL-1～PL-5，其中 PL-1 接入 PL-5，经排出管$\frac{P}{2}$排出。PL-2、PL-4、PL-3 经排出管$\frac{P}{4}$排出。排出管$\frac{P}{2}$排出时管径为 100mm，埋深－1.25m，位置距③轴 250mm；排出$\frac{P}{4}$管排出时管径为 100mm，埋深－1.25m，位置距⑤轴 460mm。

实例 2：给水立管及系统图识读

阅读建筑给水立管及系统图应注意以下方面：

(1) 看清楚给水引入管的平面位置、走向、定位尺寸、管径及敷设方式等。

(2) 看清给水立管的平面位置与走向、管径尺寸及立管编号。

(3) 应结合给水平面图、详图进行识读，详细识读各个立管接出的具体位置尺寸。

(4) 各支管管径、标高都应在图中表示出来。

下面通过实例讲解怎样看建筑给水立管及系统图，如图 3-15 所示为给水立管及系统图。

从上图中可以看出以下内容：

1. 给水供水干管系统

(1) 给水引入管由建筑的西侧（图中左侧）引入，引入管管径为 50mm，标高－1.45m。

(2) 进入建筑物内后，向上到标高－0.75m 的位置，再向东敷设。

(3) 在供水干管上，由西向东（由左向右）接出 8 根管路：

1) 接出一根 *DN*32 的管道，向上后向前（南侧），再向上，供男浴室用水。

2) 继续向右，接出一根 *DN*32 的管道，向后（北侧），再向上，供厕所用水。

3) 继续向右，接 *DN*32 的管道，向后，再向左，将水供给立管 GL-5。

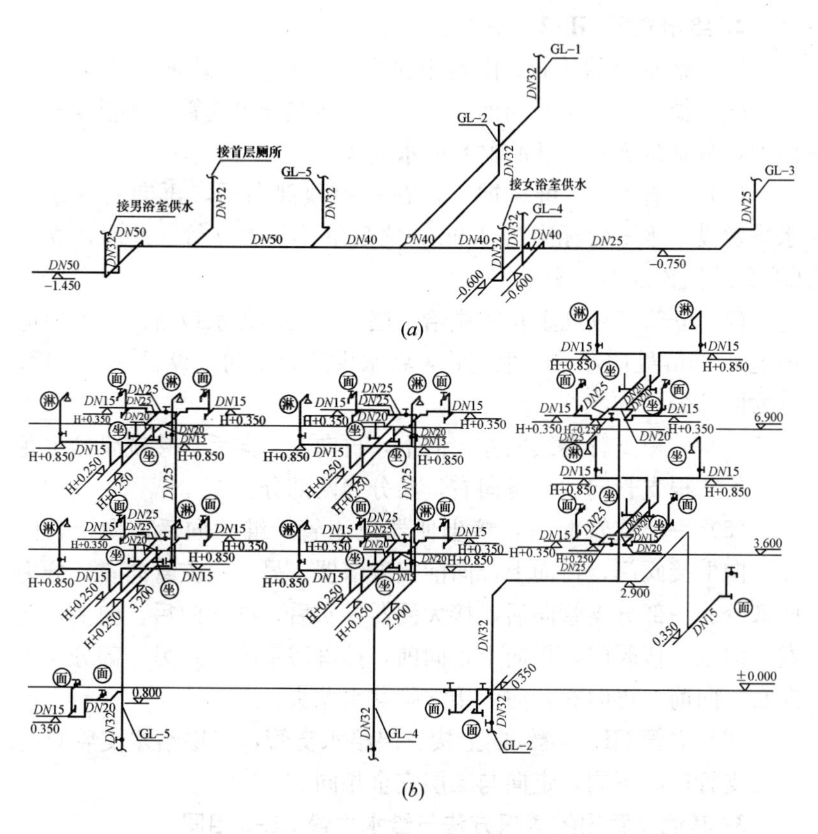

图 3-15 给水立管及系统图

(*a*) 给水供水横干管系统图；(*b*) 给水立管图

4）给水干管管径由 50mm 变为 40mm，继续向右，接一根 *DN*32 的管道，向后，供给立管 GL-1。

5）干管向右，接 *DN*32 的管道，向后，供给立管 GL-2。

6）管继续向右，接一根 *DN*32 的管道，向上，向前，向右，最后向上，供给女浴室用水。

7）干管继续向右，接 *DN*32 的管道，向上，向前供给立管 GL-4。

8）干管管径由 40mm 变为 25mm 后，继续向右，然后向后，向右，供给立管 GL-3。

2. 给水立管 GL-2

(1) 给水立管 GL-2 由地下室向上，在一层地面以上 0.35m 处，接一根支管。支管向前（北）后，向左分出支管，两根支管均向前，分别接面盆（洗脸盆）的水龙头。

(2) 立管 GL-2 继续向上，在一层顶部向后，再向右（东），水平敷设，水平管标高为 2.9m，之后继续设置立管。此时，立管 GL-2 的位置发生了变化。

(3) 立管继续向上将水供给二层、三层的用水设备。在二层地面上 0.25m 处向左接一根支管，将水供给卫生间。设置一阀门后，分为两部分。

(4) 一根支管继续向左、向上，再向左，向后，接洗脸盆水龙头；另一根支管向后，再向右，又分为两部分。

(5) 一根支管向后，接坐便器供水管，继续向后，向上，向左，向上接阀门，再向上，向前接淋浴器；另一根支管向右，分为两部分。一部分支管向后，接大便器供水后，继续向后，向上，向右，向上，接阀门，再向上，向前，接淋浴室喷头；另一部分支管向右，向前，再向右，向上接洗脸盆水龙头。

(6) 立管 GL-2 继续向上接三层给水支管，三层给水支管只与二层支管标高不同，走向与二层完全相同。

3. 其他立管图的读识方法与给水立管 GL-2 相同

实例 3：热水立管及系统图识读

如图 3-16 所示为热水立管及系统图，包括三层热水供水横干管系统图及 RL-5、RL-4、RL-2 三根立管的立管图。

从上图中可以看出以下内容：

(1) 该建筑中二、三层卫生间的热水是由地下室中，热水供水干管上设一根立管，送到三层屋顶的供水横干管中，由横干管将热水分到 RL-1～RL-5 五根立管中，再通过支管供给各用水设备。

(2) 热水供水主立管的管径为 *DN*50，接三层供水横干管前，先设一阀门，再接到横干管上。横干管向左，向后，再向右，接 *DN*32 的横管，将热水送入立管 RL-5。

(3) 横干管继续向右，接 *DN*25 的横管，将热水送入立管 RL-1。

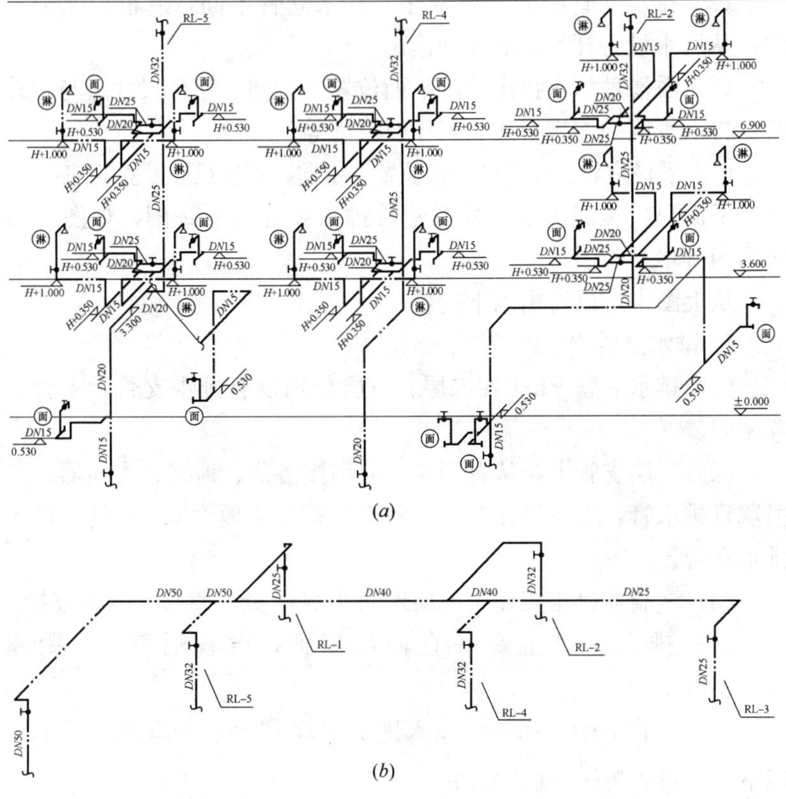

图 3-16 热水立管及系统图

(*a*) 热水立管图；(*b*) 三层热水供水横干管系统图

横干管管径为 *DN*40，再向右，接 *DN*132 的横管，将热水送入立管 RL-2。

（4）干管继续向右，接 *DN*32 的横管，将热水送入立管 RL-4。

（5）管径变为 *DN*25 一直向右，向前，接到立管 RL-3 上。每根立管，均设置了阀门。

（6）立管图的识读方法和给水立管图相同。

实例 4：排水立管及系统图识读

阅读建筑排水立管及系统图应注意以下方面：

（1）排水立管图的绘制方法与给水、热水立管图相同。

（2）排水立管图的阅读顺序与热水立管不同，应根据水流方向，从用水设备开始，顺序阅读。

（3）看清楚污水排出管的平面位置、走向、定位尺寸、与室外给水排水管网的连接形式、管径及坡度等。

（4）看清立管、支管的平面位置与走向、管径尺寸及立管编号。

下面通过实例讲解怎样看建筑排水立管及系统图，如图 3-17 所示为排水立管图。

从上图中可以看出以下内容：

1. 排水立管 PL-1

（1）排水立管 PL-1 在二层、三层分别设有排水支管，支管布置相同。

（2）三层支管上，从右到左，分别接浴盆、地漏、大便器、三根器具排水管，支管设在三层地面下，距三层地面 0.3m 处，接入排水立管。

（3）洗脸盆排水管在距三层地面 0.25m 处，直接与立管连接。

（4）排水立管上端一直伸出屋面，设置通气帽，距屋顶 600mm。

（5）立管下端，在一层接入排水立管 PL-5，一直到一层地面以下，经排出管 $\frac{P}{2}$ 排入室外。

2. 其他主管 PL-2～PL-5 可按上述方法进行阅读。

实例 5：单管过街管沟施工图识读

阅读管道穿越街道的管沟施工图应注意以下方面：

（1）看清楚管沟基础、沟槽等的尺寸数据。

（2）热力管、采暖管及绝热管、计算 *DN* 应包括绝热层厚度。

（3）管沟的覆土深度。

（4）钢筋弯钩、盖板吊钩长度。

（5）施工过程中应满足的要求。

下面通过实例讲解怎样看单管过街管沟施工图，如图 3-18 所示为单管过街管沟图。

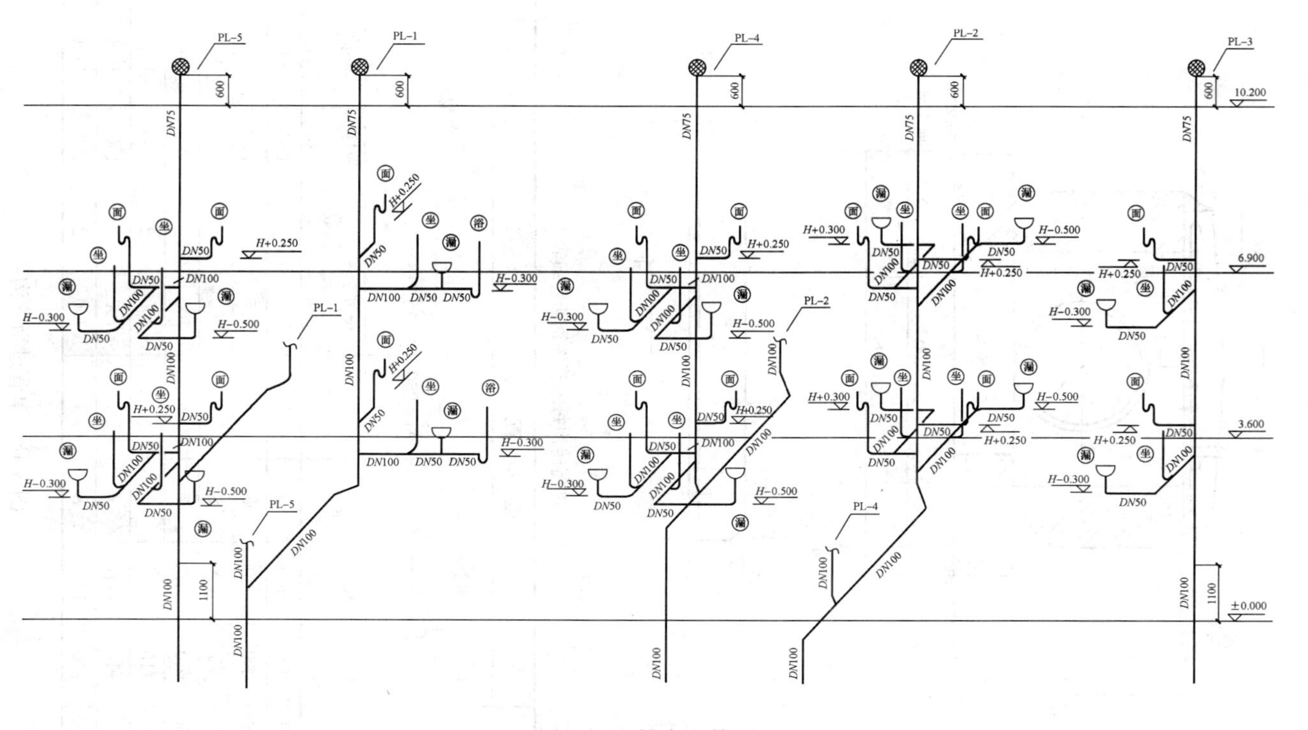
PL-5
PL-1
PL-4
PL-2
PL-3
600
10.200
6.900
3.600
±0.000
1100
DN75
DN50
DN100
H+0.250
H+0.300
H-0.300
H-0.500
面
坐
漏
浴

图 3-17 排水立管图

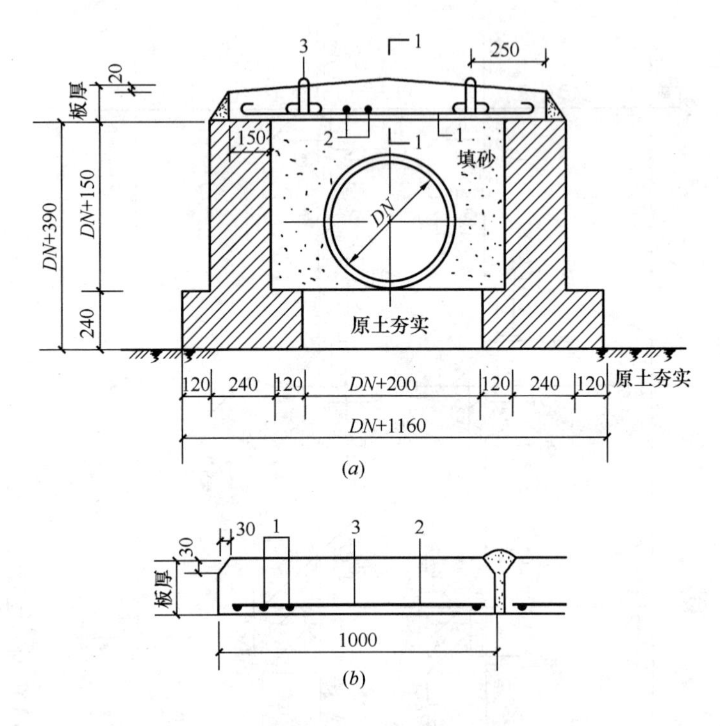

单管过街砖沟每米管沟钢筋明细表

规格（mm）	盖板配筋						盖板尺寸	
	1 l			2 $\phi6\times960$	3 $\phi8$ 50 150(180) 50			
	直径（mm）	长度（mm）	根数	根数	长度（mm）	根数	板厚（mm）	板长（mm）
*DN*100	$\phi8$	900	6	5	700	2	120	840
*DN*150	$\phi8$	950	8	6	700	2	120	890
*DN*200	$\phi8$	1000	9	6	700	2	120	940
*DN*250	$\phi10$	1070	7	6	700	2	120	990
*DN*300	$\phi10$	1120	7	6	700	2	150	1040
*DN*350	$\phi10$	1170	7	7	700	2	150	1090
*DN*400	$\phi10$	1220	8	7	700	2	150	1140

图 3-18　单管过街管沟

从图 3-18 中可以看出以下内容：

（1）适用于燃气管道和其他管道穿越一般公路。

（2）荷载按汽 15 级（重）计算。砖沟覆土深度为 0.5m 减盖板厚度。

（3）钢筋弯钩为 12.5d，盖板吊钩嵌固长度为 30d（不包括弯钩长度）。

（4）砖沟墙内外以 1∶2 水泥砂浆勾缝。

（5）除燃气管道的其他管道的过街管道、沟内无须填砂。

（6）对于冬季出现的土壤冰冻地区，须保证管顶位于冰冻线以下（双管也应满足此要求）。

实例 6：双管过街管沟施工图识读

下面通过实例讲解怎样看双管过街管沟施工图，如图 3-19 所示为双管过街管沟图。

从图 3-19 中可以看出以下内容：

（1）适用于燃气管道和其他管道穿越一般公路。

（2）荷载按汽 15 级（重）计算。砖沟覆土深度为 0.5m 减盖板厚度。

（3）钢筋弯钩为 12.5d，盖板吊钩嵌固长度为 30d（不包括弯钩长度）。

（4）砖沟墙内外以 1∶2 水泥砂浆勾缝。

（5）燃气管道径 $DN>300$ 时，$b=0.5$m，$DN\leqslant 300$ 时，$b=0.4$m。

（6）除燃气管道外的其他过街管道、沟内无须填砂。

实例 7：燃气单管单阀门井安装图识读

阅读燃气阀门井安装施工图应注意以下方面：

（1）看清楚阀门井埋深。

（2）人孔的布置形式及位置。

（3）管道穿墙的布置形式、尺寸要求。

（4）阀门井的砌筑要求。

下面通过实例讲解怎样看燃气单管单阀门井安装施工图，如图 3-20 所示为燃气单管单阀门井安装图。

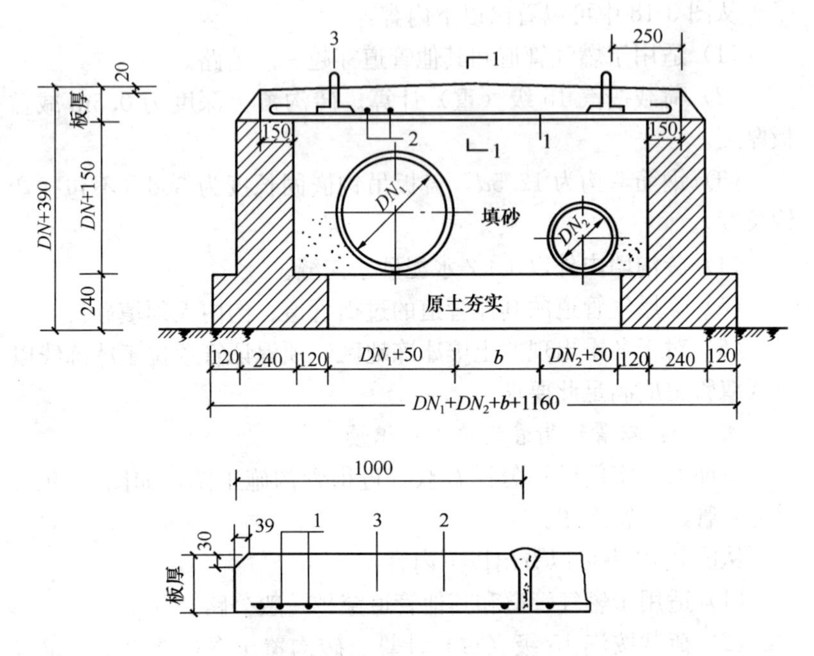

双管过街管沟每米管沟钢筋明细表

规格（mm）		盖板配筋						盖板尺寸	
		1 ⊂ l ⊃			2 $\phi6\times960$	3 $\phi8$ 50 180(230) 50			
DN_1	DN_2	直径（mm）	长度（mm）	根数	根数	长度（mm）	根数	板厚（mm）	板长（mm）
100	100	$\phi12$	1350	7	7	700	2	150	1240
150	150	$\phi12$	1450	9	8	700	2	150	1340
200	200	$\phi14$	1580	8	8	700	2	150	1440
250	250	$\phi14$	1680	9	9	700	2	150	1540
300	300	$\phi14$	1780	7	9	700	2	200	1640
350	350	$\phi14$	1880	8	10	700	2	200	1740
400	250	$\phi14$	1930	8	10	700	2	200	1790
	400	$\phi14$	2080	9	11	700	2	200	1940

图 3-19　双管过街管沟

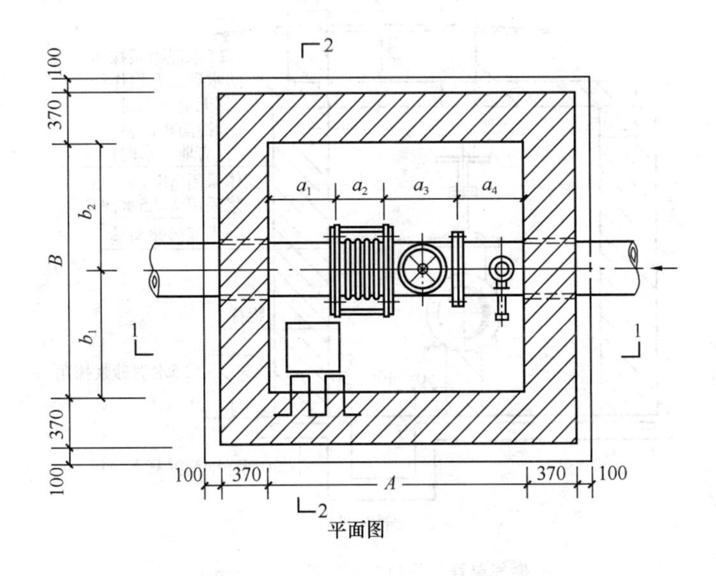

平面图

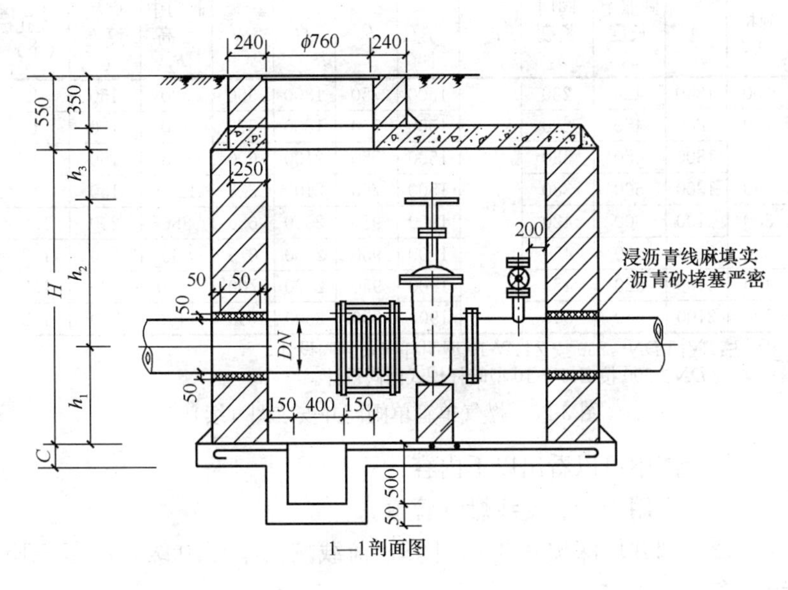

1—1剖面图

图 3-20　燃气单管单阀门井安装图

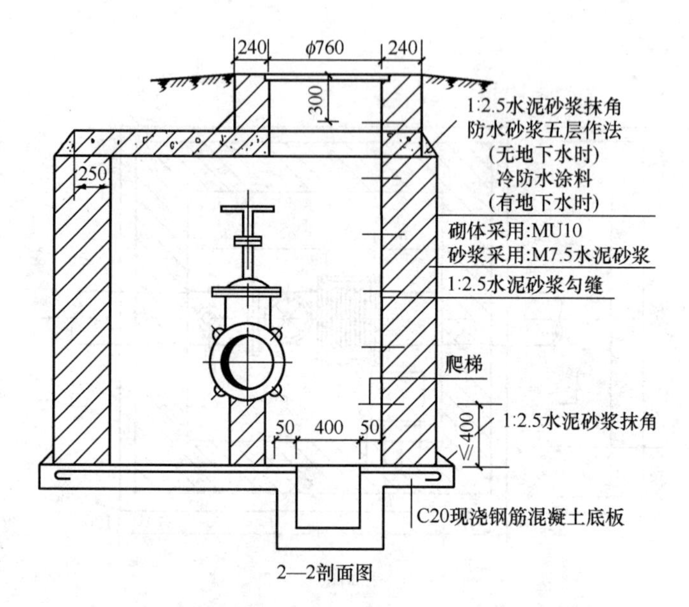

2—2剖面图

燃气单管单阀门井安装尺寸表（mm）

规格 DN	A	膨胀节长度 a_2	阀门长度 a_3	a_4	B	b_1	H	h_1	阀门中心高 h_2	底板厚度 C	人孔（个）
100	1800	420	230	500	1500	750	1800	550	520	150	1
150	1800	450	280		1500	750	1800	575	730	150	1
200	1800	450	330		1500	750	2100	600	948	150	1
250	1800	500	380		1500	750	2100	625	1140	150	1
300	2100	500	420		1900	950	2000	650	886	200	1.2
350	2100	520	450		1900	950	2000	675	968	200	1.2
400	2100	520	480		1900	950	2500	700	1090	200	1.2
500	2100	550	540		1900	950	2500	750	1405	200	1.2

注：阀门 DN≤250 按 Z44W-10 型明杆楔式闸阀设计；
DN≥300 按 Z45W-10 型暗杆楔式闸阀设计。

图 3-20　燃气单管单阀门井安装图（续）

从上图中可以看出以下内容：

（1）适用于干、支线燃气管道。

（2）阀井埋深按 0.35m 计算，荷载按汽车－10 级，汽车－15 级主车设计。

（3）按单人孔绘制，双人孔时，按对角位置设置。

（4）采用 C20 现浇钢筋混凝土底板，1：2.5 水泥砂浆抹角。

（5）阀门底砌砖礅支撑，砖礅断面视阀门大小砌筑，高度砌至阀门底止。

实例 8：燃气三通双阀门井安装图识读

如图 3-21 所示为燃气三通双阀门井安装图。

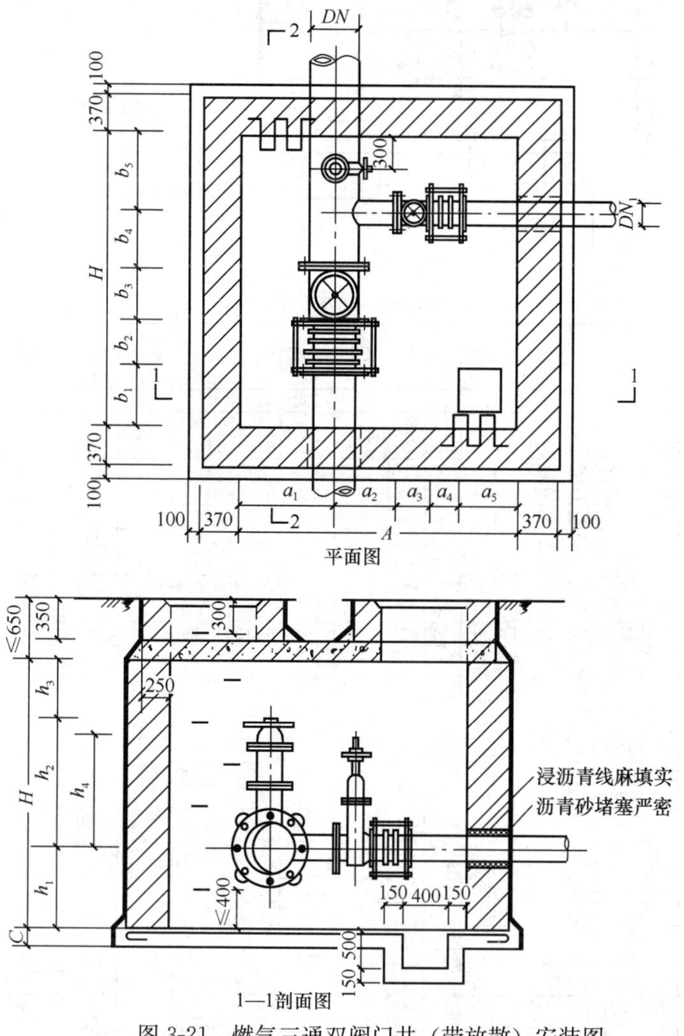

图 3-21 燃气三通双阀门井（带放散）安装图

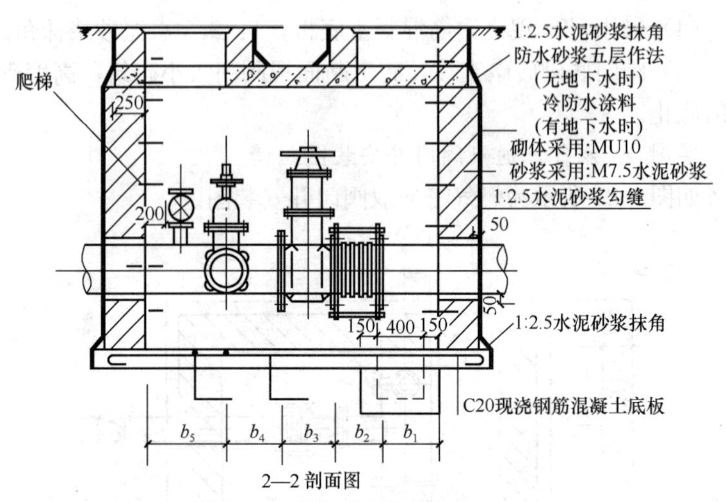

2—2 剖面图

燃气三通双阀门井安装尺寸表（mm）

规格		A	a_1	a_2	阀门长度 a_3	膨胀节长度 a_4	B	b_1	膨胀节长度 b_2	阀门长度 b_3	b_5	H	h_1	阀门中心高 h_2	底板厚度 C	人孔（个）
DN	$DN17$															
100	100	2200	650	450	230	420	2200	647	420	230	650	1800	550	520	150	2
150	100	2200	675	475	230	420	2200	582	450	230	650	1800	575	730	150	2
	150	2200	675	475	280	450	2200	532			675	1800	575		150	2
200	100	2200	700	500	230	420	2200	526	450	330	650	1900	600	948	150	2
	150	2300	700	500	280	450	2300	576			675	1900	600		200	2
	200	2300	700	500	330	450	2300	526			700	1900	600		200	2
250	100	2300	725	525	230	420	2300	511	500	380	650	2100	625	1140	200	2
	150	2300	725	525	280	450	2500	661			675	2100	625		200	2
	200	2300	725	525	330	450	2500	611			700	2100	625		200	2
	250	2500	725	525	380	500	2500	561			725	2100	625		200	2
300	100	2300	750	550	230	420	2500	622	500	420	650	2000	650	886	200	2
	150	2300	750	550	280	450	2500	572			675	2000	650		200	2
	200	2500	750	550	330	450	2500	522			700	2000	650		200	2
	250	2700	750	550	330	500	2700	672			725	2000	650		200	2
	300	2700	750	550	420	500	2700	622			750	2000	650		200	2
400	100	2500	900	600	230	420	2500	520	420	480	650	2100	700	1090	200	2
	150	2700	900	600	280	450	2700	670			675	2300	700		200	2
	200	2700	900	600	330	450	2700	620			700	2300	700		200	2
	250	2800	900	600	380	500	2800	570			725	2300	700		200	2
	300	2800	900	600	420	500	2800	620			750	2300	700		200	2
	400	2900	900	600	480	520	2900	520			900	2300	700		200	2
500	100	2700	950	650	230	420	2700	645	520	540	650	2500	750	1414	200	2
	150	2700	950	650	280	450	2700	595			675	2500	750		200	2
	200	2800	950	650	330	450	2800	645			700	250	750		200	2
	250	2800	950	650	380	500	2800	595			725	2500	750		200	2
	300	3000	950	650	420	500	3000	745			750	2500	750		200	2
	400	3100	950	650	480	520	3100	645			900	2500	750		200	2
	500	3100	950	650	540	520	3100	545			950	2500	750		200	2

图 3-21　燃气三通双阀门井（带放散）安装图（续）

从上图中可以看出以下内容：

（1）适用于干、支线燃气管道。

（2）阀门井埋深按 0.35m 计算，荷载按汽车－10 级，汽车－15 级主车设计。

（3）阀门底下砌砖墩支撑，砖礅断面视阀门大小砌筑，高度砌至阀门底止。

（4）管道过墙时，采用浸沥青线麻填实，并用沥青砂堵塞严密。

（5）采用 C20 现浇钢筋混凝土底板，1∶2.5 水泥砂浆抹角。

（6）按单人孔绘制，双人孔时，按对角位置设置。

实例 9：方形补偿器安装图识读

阅读方形补偿器安装施工图应注意以下方面：

（1）方形补偿器的安装位置。

（2）方形补偿器两侧设置支架的形式、位置及尺寸。

（3）方形补偿器的保温层、不保温层的设置。

（4）不同布管形式的的尺寸要求。

下面通过实例讲解怎样看方形补偿器安装图，如图 3-22 所示为地沟中方形补偿器布置形式图。

从上图中可以看出以下内容：

（1）方形补偿器安装在二个固定支架间距离 L 的 $L/2$ 或 $L/3$ 处。

（2）无论是地上敷设还是地下敷设，方形补偿器都应按本图位置支撑设立支架。

（3）在方形补偿器两侧 $40DN$ 处应设导向支架（图 3-23），以保证补偿器充分吸收管道的轴向变形。

（4）补偿器无论是双侧还是单侧安装时，在砌筑伸缩穴时，应保持地沟的通行程度。

实例 10：给水管道刚性防水管套安装图识读

阅读给水管道防水管套安装图应注意以下方面：

（1）防水管套的尺寸、安装形式、适用范围。

（2）防水管套的保温层材料、施工要求。

（3）不同形式的防水管套安装要求。

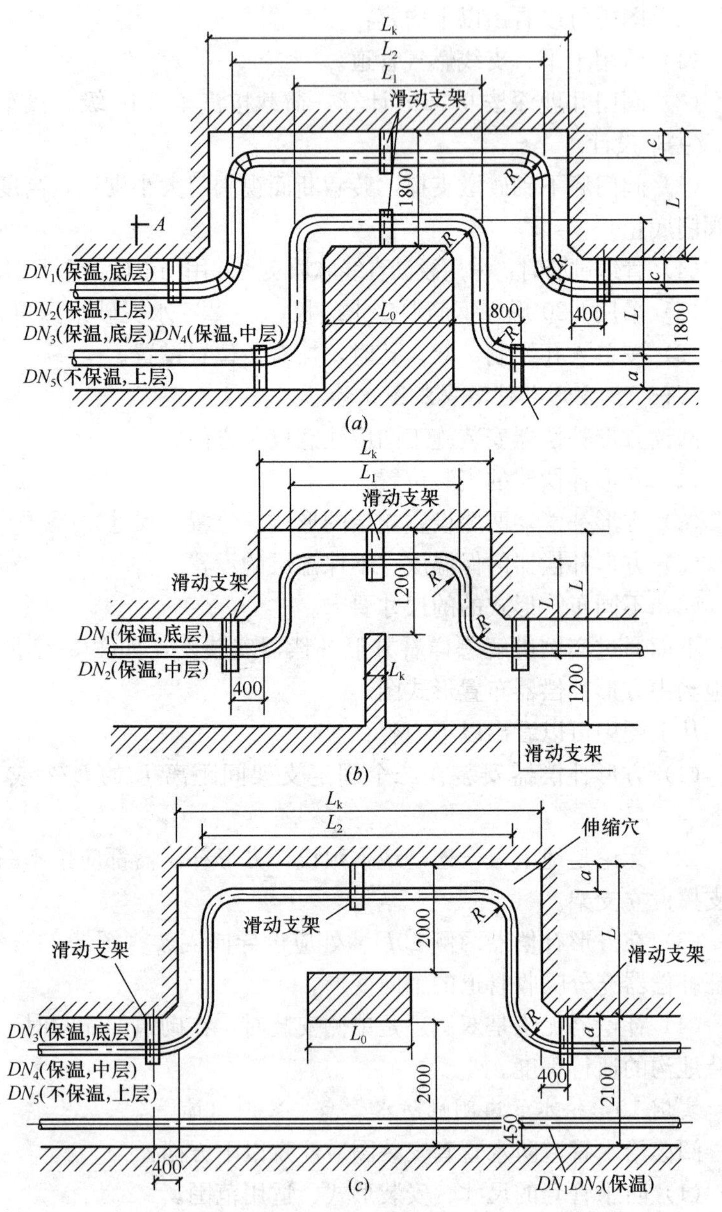

图 3-22　地沟中方形补偿器布置形式图

（a）双侧上下布管；（b）单侧上下布管；（c）单侧上下布补偿器

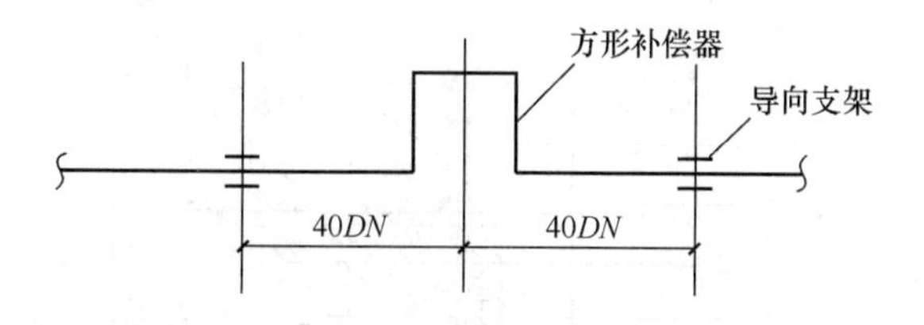

图 3-23　导向支架设置

下面通过实例讲解怎样看给水管道刚性防水管套安装图。如图 3-24 所示为给水管道刚性套管安装图。

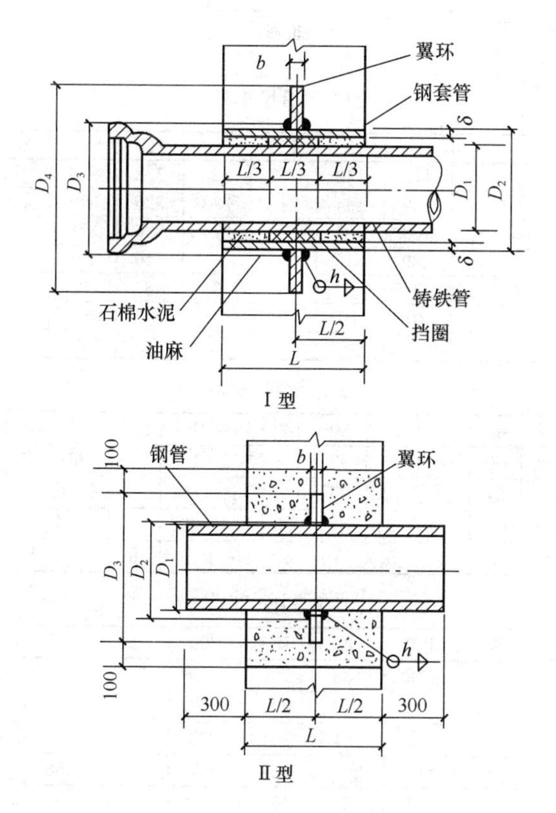

图 3-24　给水管道刚性套管安装图

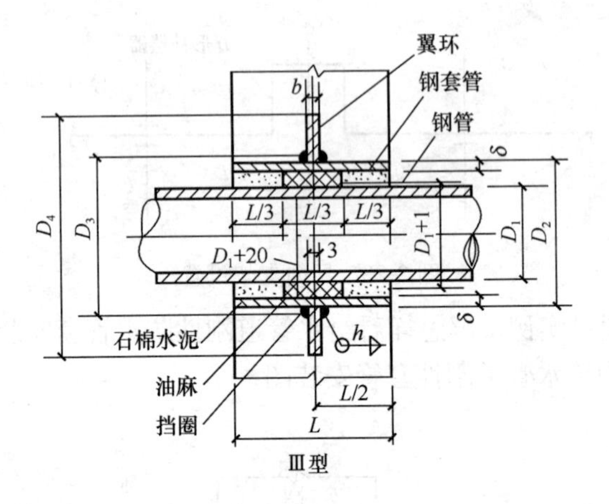

Ⅲ型

Ⅰ型套管尺寸表

DN	50	75	100	125	150	200	250	300	350	400
D_1	60	93	118	143	169	220	272	323	374	426
D_2	114	140	168	194	219	273	325	377	426	480
D_3	115	141	169	195	220	274	326	378	427	481
D_4	225	251	289	315	340	394	446	498	567	621
σ	4	4.5	5	5	6	7	8	9	9	9
b	10	10	10	10	10	10	10	15	15	15
h	4	4	5	5	6	7	8	9	9	9

Ⅱ型套管尺寸表

DN	25	32	40	50	65	80	100	125	150	200	250	300	350	400
D_1	33.5	38	50	60	73	89	108	133	159	219	273	325	377	426
D_2	35	39	51	61	74	90	109	134	160	220	274	326	378	427
D_3	95	99	111	121	134	150	209	234	260	320	374	476	528	577
b	5	5	5	5	5	5	5	5	5	8	8	8	8	8

Ⅲ型套管尺寸表

DN	50	80	100	125	150	200	250	300	350	400
D_1	60	89	108	133	159	219	273	325	377	426
D_2	114	140	159	180	203	273	325	377	426	480
D_3	115	141	160	181	204	274	326	378	427	481
D_4	225	251	280	301	324	394	446	498	567	621
σ	4	4.5	4.5	5	6	7	8	9	9	9
b	10	10	10	10	10	10	10	15	15	15
h	4	4	4	5	6	7	8	9	9	9

图 3-24　给水管道刚性套管安装图（续）

从上图中可以看出以下内容：

（1）Ⅰ型防水套管适用于铸铁管和非金属管；Ⅱ型防水套管适用于钢管；Ⅲ型适用于钢管预埋。将翼环直接焊在钢套管上。

（2）套管须一次浇固于墙内。

（3）套管 L 等于墙厚且≥200mm，如遇非混凝土墙应改为混凝土墙，混凝土墙厚＜200mm，应局部加厚至 200mm，更换或加厚的混凝土墙其直径比翼环直径大 200mm。

（4）套管内壁须刷防锈漆一道。

（5）h 为最小焊缝高度。

实例 11：给水管道柔性防水管套安装图识读

如图 3-25 所示为给水管道柔性防水套管安装图。

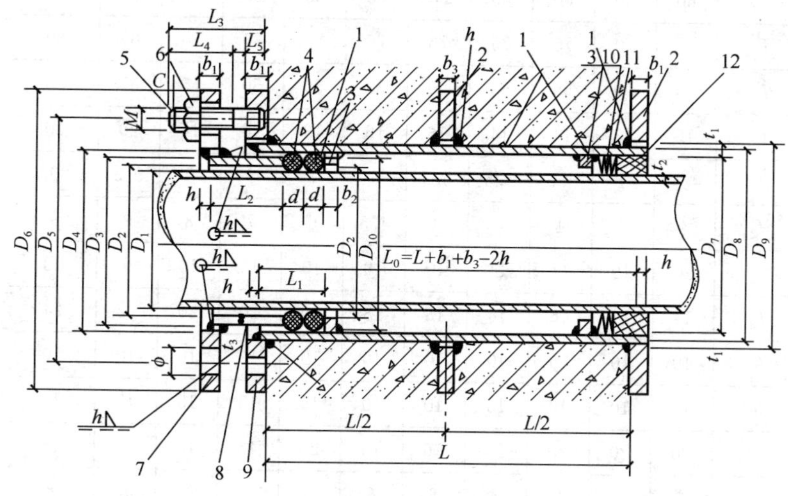

柔性防水套管安装图

1—套管；2—翼环；3—挡圈；4—橡胶圈；5—螺母；6—双头螺栓；7—法兰；8—短管；9—翼盘；10—沥青麻丝；11—牛皮纸层；12—20mm 厚油膏嵌缝

套管尺寸表

DN	50	65	80	100	125	150	200	250	300	350	400
D_1	60	73	89	108	133	159	219	273	325	377	426
D_2	70	83	99	118	141	165	225	281	332	383	434

图 3-25　给水管道柔性防水套管安装图

DN	50	65	80	100	125	150	200	250	300	350	400
D_3	90	103	121	140	161	185	249	301	352	401	454
D_4	91	104	122	141	162	186	250	302	353	402	455
D_5	137	150	177	196	217	240	310	362	422	471	525
D_6	177	190	217	236	257	280	350	402	462	511	565
D_7	100	113	131	150	169	191	259	309	359	407	462
D_8	108	121	140	159	180	203	273	325	377	426	480
D_9	109	122	141	160	181	204	274	326	378	427	481
D_{10}	99	112	130	149	168	190	258	308	358	406	461
L_1	60	60	60	60	50	50	60	50	50	50	50
L_2	60	60	60	60	60	60	60	60	60	60	60
L_3	70	70	75	75	75	75	75	75	80	85	85
L_4	50	50	55	55	50	50	50	50	55	55	55
L_5	12	12	14	14	16	16	16	16	16	20	20
t_1	4	4	4.5	4.5	5.5	6	7	8	9	9.5	9
t_2	4	4	4	4	4	4.5	6	7	8	9	9
t_3	10	10	11	11	10	10	10	10	10	9	10
b_1	14	14	16	16	18	18	20	20	20	22	24
b_2	10	10	10	10	10	10	10	10	10	10	10
b_3	10	10	10	10	10	10	15	15	15	15	15
d	20	20	20	20	16	16	20	16	16	16	16
h	5	5	5	5	6	6	8	8	8	8	8
k	4	4	4	4	5	5	7	7	7	7	7
φ	14	14	18	18	18	18	18	18	23	23	23
M	12	12	16	16	16	16	16	16	20	20	20
C	1.8	1.8	2	2	2	2	2	2	2.5	2.5	2.5
螺孔 n	4	4	4	4	8	8	8	12	12	12	16

图 3-25　给水管道柔性防水套管安装图（续）

从上图中可以看出以下内容：

（1）适用于管道穿过墙壁处受有振动或有严密防水要求的构筑物。

（2）套管部分加工完成后须在其内壁刷防锈漆一道。

（3）套管 L 等于墙厚且≥300mm；如遇非混凝土墙应改为混凝土墙，混凝土墙厚≤300mm 时，更换或加厚的混凝土墙，其直径应比翼环直径 D_6 大 200mm。

（4）h（焊缝高度）为最小焊件厚度。

（5）套管须一次浇固于墙内。

4　怎样识读采暖工程施工图

4.1　采暖工程施工图识读基础

4.1.1　供暖系统的工作原理

热水供暖系统是目前广泛使用的一种供暖系统，分为自然循环热水供暖系统和机械循环热水供暖系统两种。

1. 自然循环热水供暖系统

如图 4-1 所示，自然循环热水供暖系统由中心（锅炉）、散热设备、供水管道（图中实线所示）、回水管道（图中虚线所示）以

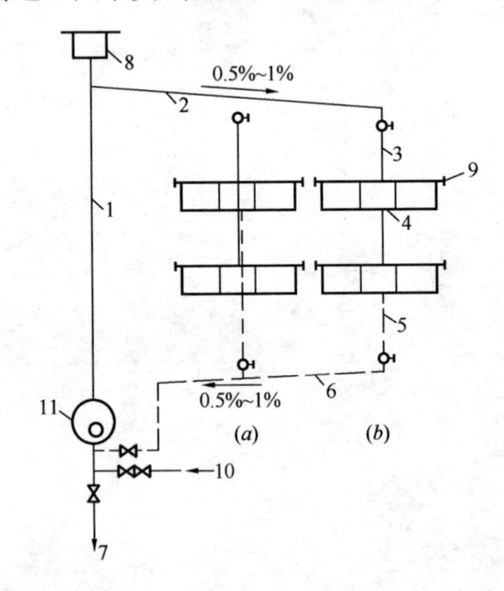

图 4-1　自然循环热水供暖系统

（*a*）双管上供下回系统；（*b*）单管顺流式系统

1—总立管；2—供水干管；3—供水立管；4—散热器支管；5—回水立管；6—回水干管；7—泄水管；8—膨胀水箱；9—散热器放风阀；10—充水管；11—锅炉

及膨胀水箱等组成。

膨胀水箱设于系统最高处，以容纳水受热膨胀而增加的体积，兼有排气作用。系统充满水后，水在加热设备中被加热，水温升高而表观密度变小，受自散热设备回来密度较大的回水驱动，热水在供水干管上升流入散热设备，在散热设备中热水放出热量，温度降低，水表观密度增加，沿回水管流回加热设备，并再一次被加热。水被不断地加热、散热、流动循环，这种循环称为自然循环（或重力循环）。仅依靠自然循环作用压力作为动力的热水供暖系统称为自然循环热水供暖系统。

2. 机械循环热水供暖系统

机械循环热水供暖系统是依靠水泵提供的动力克服流动阻力使热水流动循环的系统。它的循环作用压力比自然循环系统的作用压力大得多，所以热水在管路中的流速较大，管径较小，启动容易。供暖方式较多，应用范围较广。

机械循环热水供暖系统如图 4-2 所示。

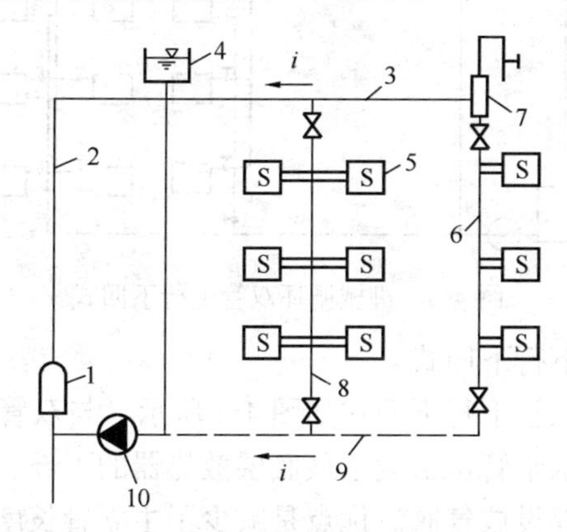

图 4-2 机械循环热水供暖系统示意图（单管式）

1—热水锅炉；2—供水总立管；3—供水干管；4—膨胀水箱；5—散热器；6—供水立管；7—集气罐；8—回水立管；9—回水干管；10—循环水泵（回水泵）

机械循环供暖系统由热水锅炉、供水管路、散热器、回水管路、循环水泵、膨胀水箱、集气罐（排气装置）、控制附件等部分组成。与自然循环系统相比，最明显的不同是增设了循环水泵和集气罐，此外，膨胀水箱的安装位置也有所不同。

4.1.2 供暖系统的形式

1. 热水供暖系统的形成

自然循环热水供暖系统分为单管和双管。

机械循环热水供暖系统的形式有双管上行下回式、双管下行下回式、单管垂直式、单管水平式及上行上回和下行上回（倒流）五种形式。

（1）双管上行下回式

机械循环双管上行下回式如图 4-3 所示。注意与自然循环双管系统的区别即可，其他相同。

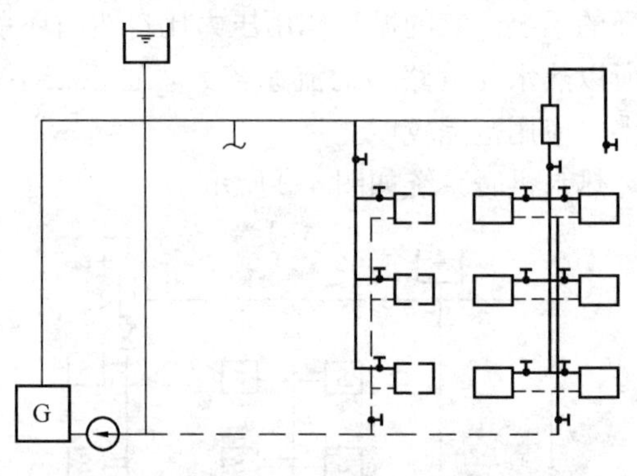

图 4-3　机械循环双管上行下回式

（2）双管下行下回式

机械循环双管下行下回式如图 4-4 所示。与双管上行下回式的不同点在于供水干管也敷设于最底层散热器的下部。排气方法可采用在散热器上部设放气阀。优点是减少了主立管长度，管路热损失较小，上下层冷热不均的问题不那么突出，可随楼层由下向上安装，施工进度快，可装一层用一层；缺点是排气较复杂，造价增加，运行管理不够方便。

为解决上行式管道敷设上出现的困难及上下层冷热不均的问题，可将供水干管敷设在中间楼层的顶棚下面，这就是中分式系统。

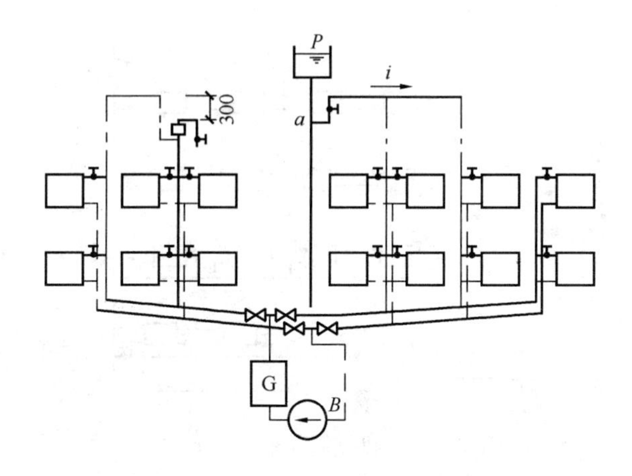

图 4-4 机械循环双管下行下回式

（3）单管垂直式

机械循环单管垂直式如图 4-5 所示，其中左侧是顺序式，右侧是跨越式。机械循环单管水平式如图 4-6 所示。

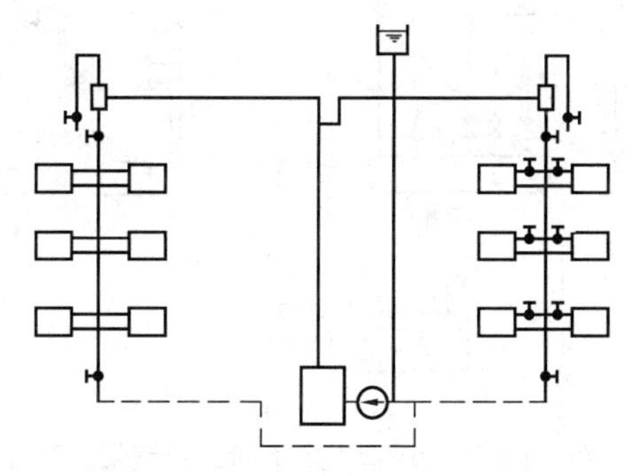

图 4-5 机械循环单管垂直式

2. 蒸汽供暖系统

（1）低压蒸汽供暖系统

如图 4-7 所示为机械回水双管上供下回式蒸汽供暖系统。

锅炉产生的蒸汽经蒸汽总立管、蒸汽干管、蒸汽立管进入散热器，放热后，凝结水沿凝水立管、凝水干管流入凝结水箱，然后水泵将凝结水送入锅炉。

蒸汽干管中凝结水较多时，可设置疏水装置。疏水器是阻止蒸

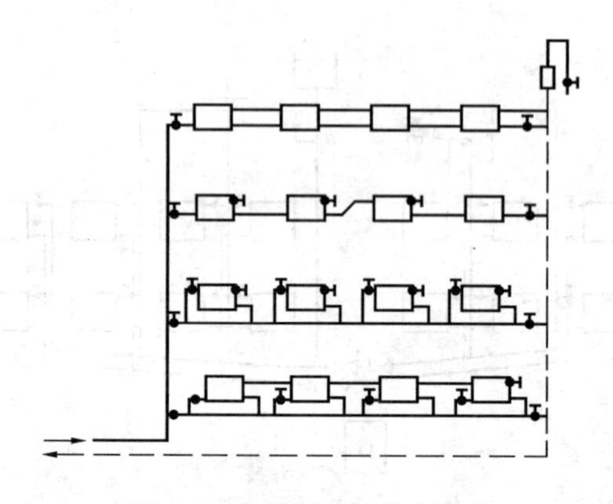

图 4-6　机械循环单管水平式

汽通过，只允许凝水和不凝气体及时排往凝水管路的装置。在每一组散热器后都装有疏水器。

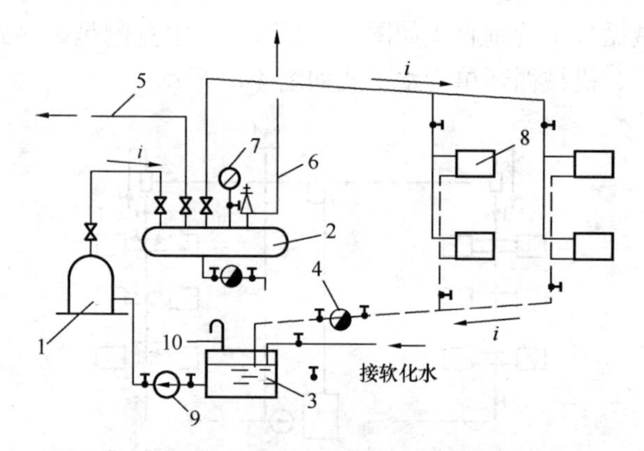

图 4-7　机械回水双管上供下回式蒸汽供暖系统图

1—蒸汽锅炉；2—分汽缸；3—凝结水箱；4—疏水器；5—紧急放空管；6—安全阀排放管；7—压力表；8—散热器；9—凝结水泵；10—水箱排气管

(2) 高压蒸汽供暖系统

高压蒸汽供暖系统与低压蒸汽供暖系统相比，供气压力高、流速大、系统作用半径大，对同样热负荷所需的管径小，一般采用双管上供下回式系统。

高压蒸汽供暖系统有较好的经济性，但温度高，会使得房间的卫生条件差，且容易烫伤人，所以一般在工业厂房中使用。

如图 4-8 所示为高压蒸汽供暖系统。如图 4-9 所示为低压蒸汽供暖系统。如图 4-10 所示为低压（重力回水）蒸汽供暖系统。

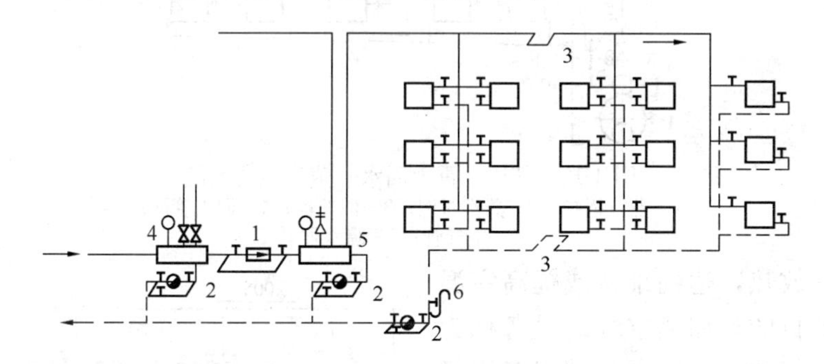

图 4-8 高压蒸汽供暖系统

1—减压阀；2—疏水器；3—补偿器；4—生产用分汽缸；5—采暖用分汽缸；6—放气管

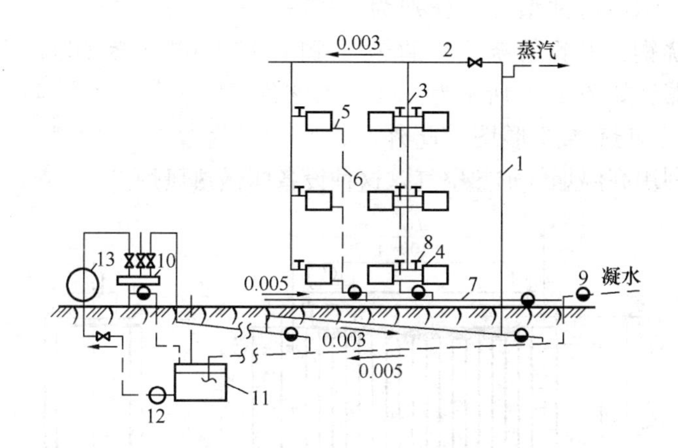

图 4-9 低压蒸汽供暖系统

1—总立管；2—蒸汽干管；3—蒸汽立管；4—蒸汽支管；5—凝水支管；6—凝水立管；7—凝水干管；8—调节阀；9—疏水器；10—分汽缸；11—凝结水箱；12—凝结水泵；13—锅炉

如图 4-11 所示为机械回水蒸气供暖系统。

3. 热风供暖系统

热风供暖系统中，首先对空气进行加热处理，然后送入供暖房

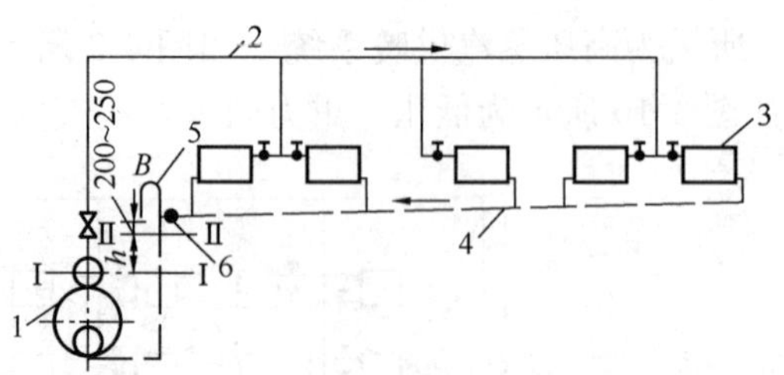

图 4-10　低压（重力回水）蒸汽供暖系统
1—蒸汽锅炉；2—蒸汽管网；3—散热器；4—回水管网；
5—空气管；6—疏水器

间放热，达到维持或提高室温的目的。加热空气的设备称为空气加热器，它是利用蒸汽或热水通过金属壁传热而使空气获得热量。常用空气加热器有SR2、SRL两种型号，分别为钢管绕钢片和钢管绕铝片的热交换器。如图4-12所示为SRL型空气加热器外形图。此外，还可利用高温烟气加热空气，这种设备叫做热风炉。

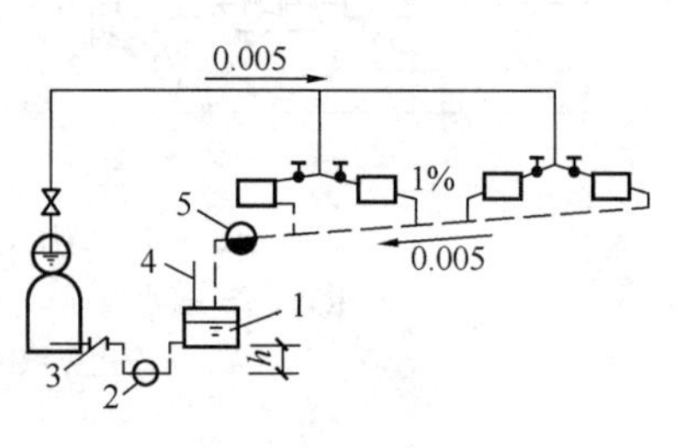

图 4-11　机械回水蒸气供暖系统
1—凝结水箱；2—凝水泵；3—止回阀；
4—空气管；5—疏水器

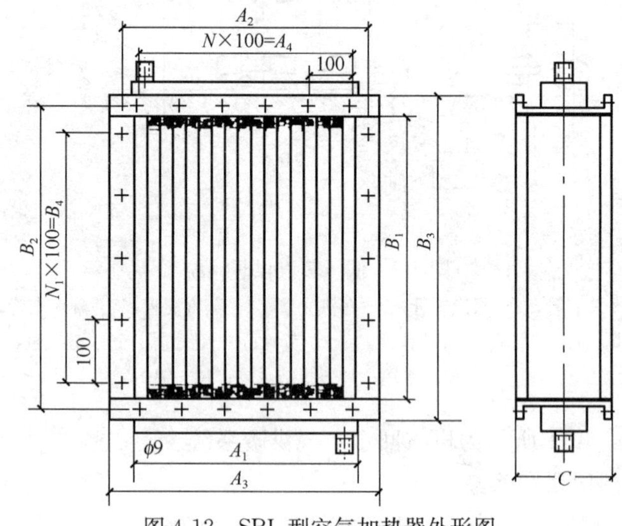

图 4-12　SRL型空气加热器外形图

热风供暖有集中送风、管道送风、暖风机等多种形式。采用室内空气再循环的热风暖系统时，最常用的是暖风机供暖方式。

如图 4-13 所示为 NA 型暖风机外形图，它用蒸汽或热水来加热空气。

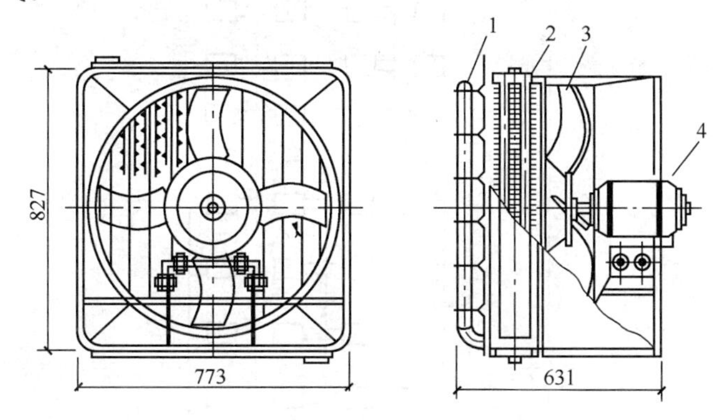

图 4-13 NA 型暖风机外形图

1—导向板；2—空气加热器；3—轴流风机；4—电动机

4. 高层建筑供暖系统形式

（1）分层式供暖系统

分层式供暖系统是在垂直方向上分成两个或两个以上相互独立的系统，如图 4-14 所示。该系统高度的划分取决于散热器、管材的承压能力及室外供热管网的压力。下层系统直接与室外管网连接，上层系统与外网通过加热器隔绝式连接。在水加热器中，上层系统的热水与外网的热水隔着换热器表面流动，互不相通，使上层系统的水压与外网的水压隔离开。而换热器的传热表面，能使外网热水加热上层循环系统水，将外网的热量传给上层系统。这种系统是最常用的一种形式。

（2）双线式系统

如图 4-15 所示为垂直双线式单管热水供暖系统。由竖向的Ⅱ形单管式立管组成，其散热器常用蛇形管或辐射板式结构。各层散热器的平均温度基本相同，避免系统垂直失调。由于立管的阻力小，易产生水平失调。系统的每一组Ⅱ形单管式立管的最高点应装设排气装置。

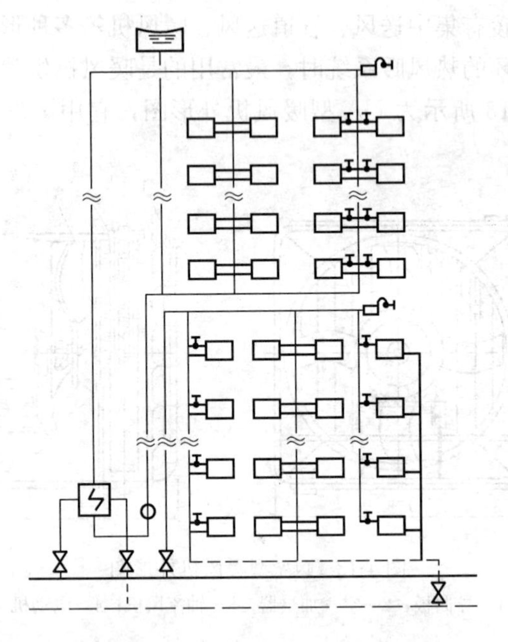

图 4-14　分层式供暖系统

(3) 单、双管混合式系统

单、双管混合式系统如图 4-16 所示。将散热器在垂直方向上

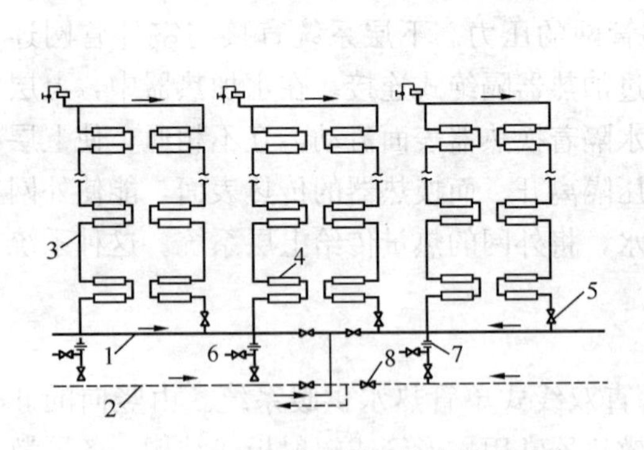

图 4-15　垂直双线式单管热水供暖系统

1—供水干管；2—回水干管；3—双线立管；

4—散热器；5—截止阀；6—排水阀；

7—节流孔板；8—调节阀

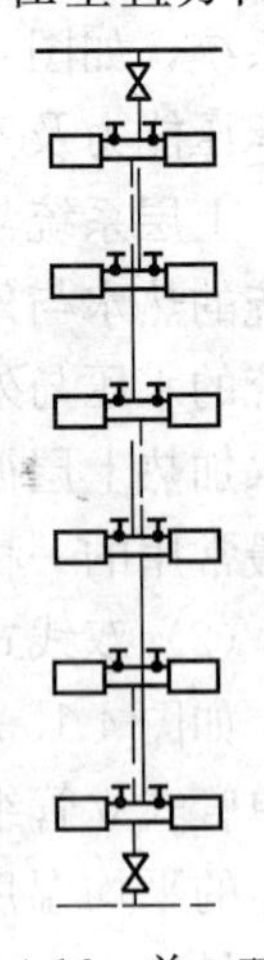

图 4-16　单、双管混合式系统

分为几组，每组内采用双管形式，组与组之间用单管相连。避免了垂直失调现象，某些散热器能进行局部调节。

4.1.3 采暖系统的设备及附件

1. 建筑采暖用设备

(1) 锅炉

锅炉是供热之源，是将燃料的化学能转换成热能，并将热能传递给冷水从而产生热水或蒸汽的加热设备。锅炉种类型号很多，它的类型及台数的选择，取决于锅炉的供热负荷和产热量、供热介质和当地燃料供应情况等因素。如图 4-17 所示为锅炉房设备简图。

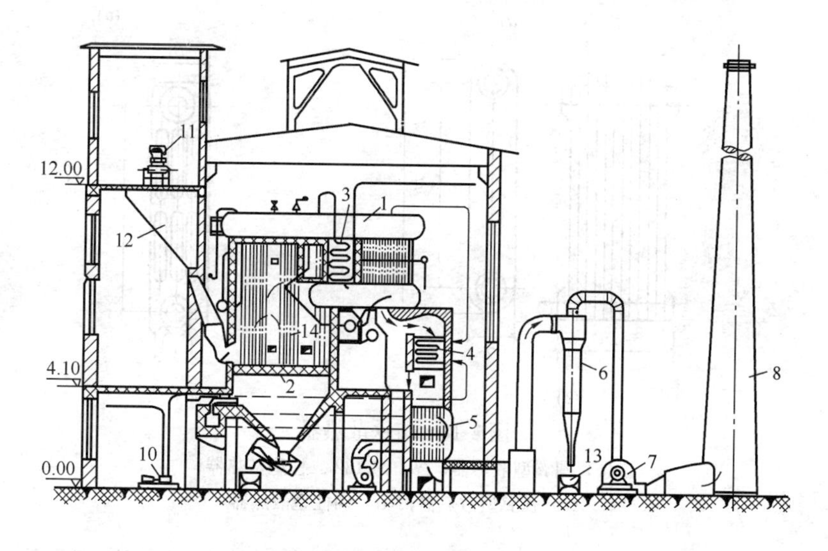

图 4-17 锅炉房设备简图

1—汽锅；2—翻转炉排；3—蒸汽过热器；4—省煤器；5—空气预热器；6—除尘器；7—引风机；8—烟囱；9—送风机；10—给水泵；11—皮带运输机；12—煤斗；13—灰车；14—水冷壁

(2) 散热器

常用的室内散热器有铸铁散热器和钢制散热器。

1) 铸铁散热器。铸铁散热器根据外形分为翼型和柱型两种。

①翼型散热器。翼型散热器又分为圆翼型和长翼型，如图 4-

18（a）、（b）所示。

②柱型散热器。柱型散热器如图 4-18（c）、（d）所示。根据散热面积的需要，可把各个单片组装在一起形成一组散热器。

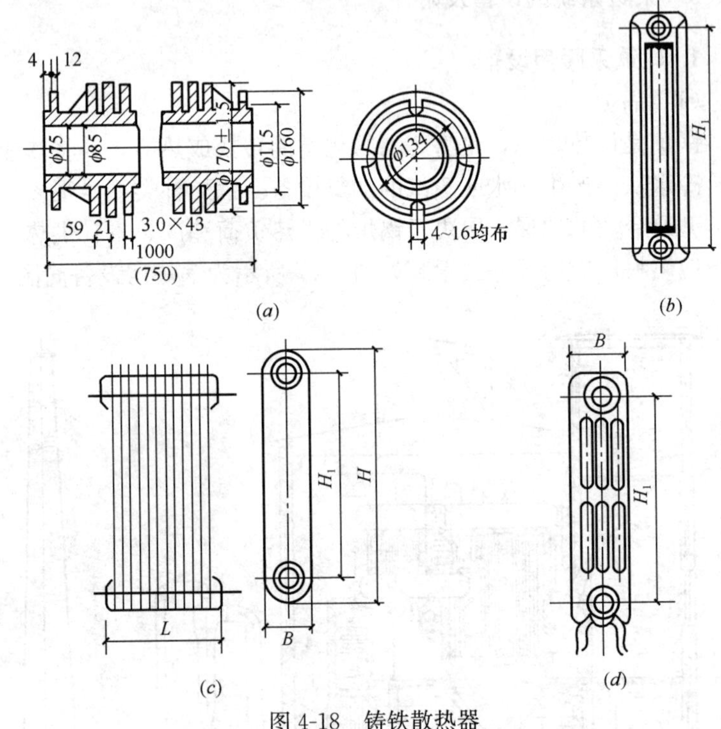

图 4-18 铸铁散热器

（a）圆翼型散热器；（b）M-132 二柱型散热器；

（c）长翼型散热器；（d）四柱型散热器

2）钢制散热器。室内钢制散热器，常用的有钢串片、板型、柱型、扁管型及光面排管型散热器。

①闭式钢串片对流散热器。由钢管、钢片、联箱、放气阀及管接头等（图 4-19）。

②板型散热器。由面板、背板、进出水口接头、放水门固定套及上下支架等组成（图 4-20）。

③钢制柱型散热器。其构造及外形与铸铁柱型散热器相似，如图 4-21 所示。

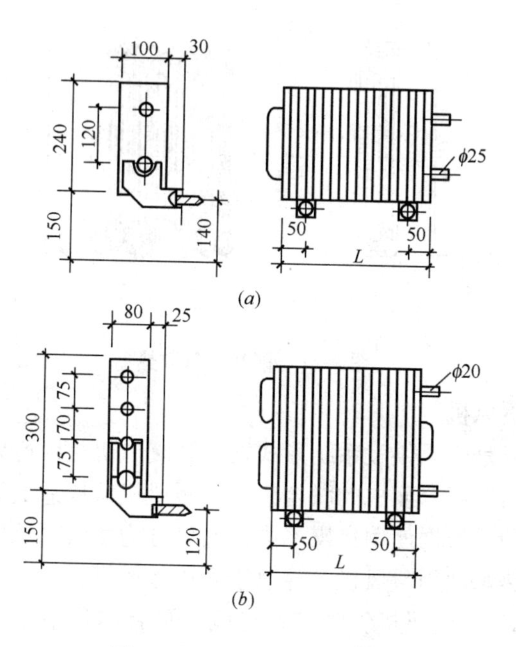

图 4-19　闭式钢串片散热器

（*a*）240×100 型；（*b*）300×80 型

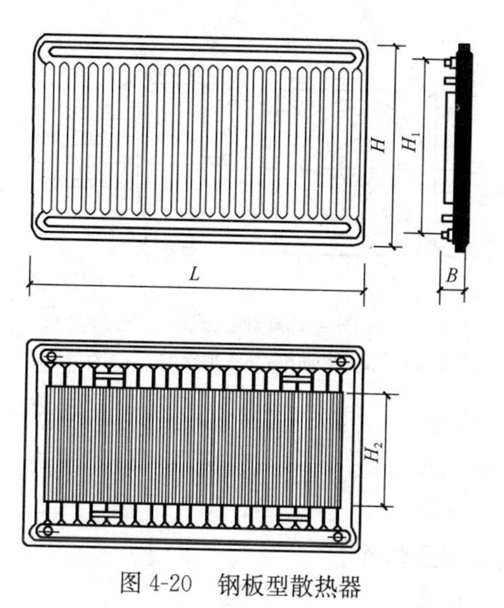

图 4-20　钢板型散热器

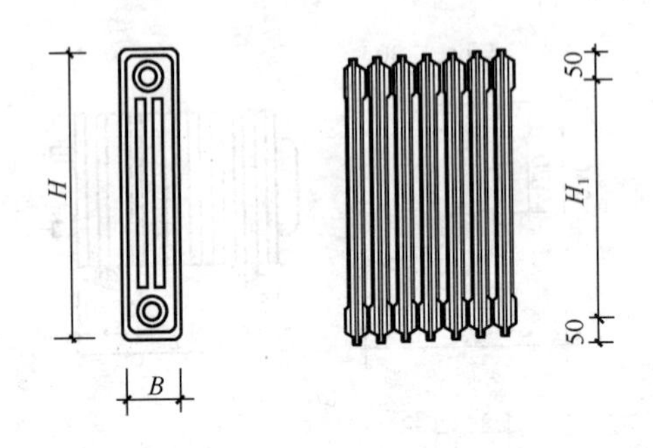

图 4-21 钢制柱型散热器

(3) 暖风机

暖风机是热风供暖系统形式之一。暖风机是由通风机、电动机及空气加热器组合而成的联合机组。暖风机从构造上分为轴流式和离心式两种。根据使用热媒不同，又可分为蒸汽暖风机、热水暖风机、蒸汽热水两用暖风机及冷热水两用暖风机。

1) 轴流式暖风机。轴流式暖风机具有体积小、结构简单、安装方便等优点，但送出的热风气流射程短、出口风速低（图 4-22）。轴流式风机一般悬挂或支架在墙上和柱上。

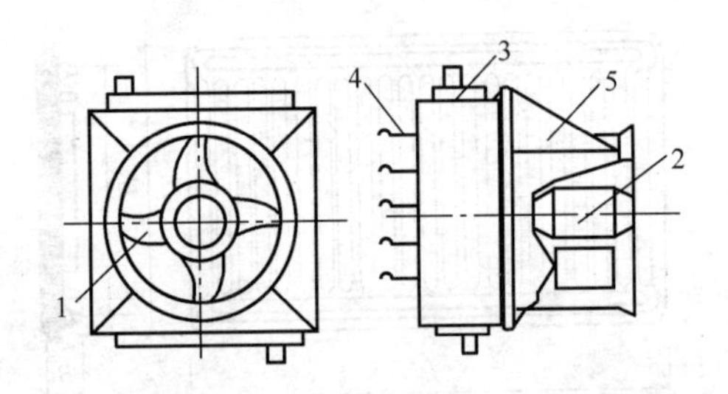

图 4-22 轴流式暖风机

1—轴流式风机；2—电动机；3—加热器；4—百叶片；5—支架

2) 离心式暖风机。离心式暖风机比轴流式暖风机的气流射程长、送风量和产热量大。离心式暖风机一般用于集中输送大量热风的供暖房屋（图 4-23）。

2. 建筑采暖用附件

(1) 膨胀水箱

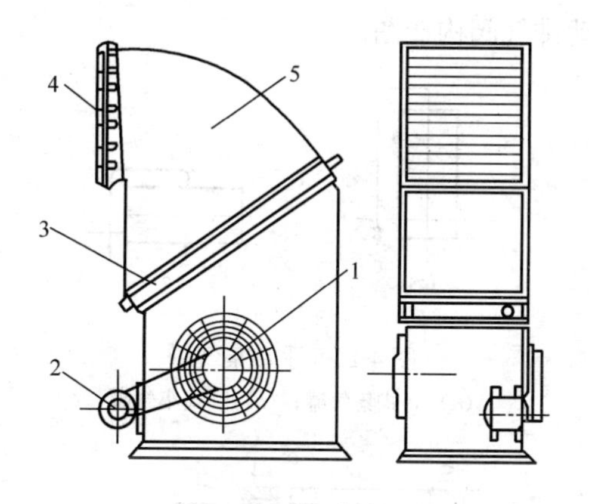

图 4-23　离心式暖风机

1—离心式风机；2—电动机；3—加热器；

4—导流叶片；5—外壳

如图 4-24 所示为圆形膨胀水箱结构图。

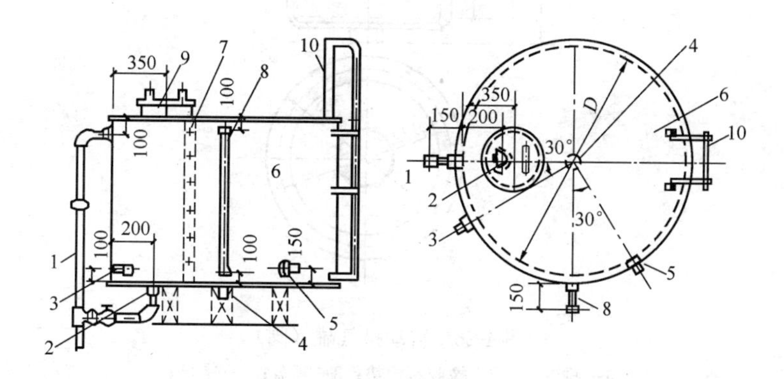

图 4-24　圆形膨胀水箱结构图

1—溢流管；2—排水管；3—循环管；4—膨胀管；5—信号管；

6—箱体；7—内人梯；8—玻璃管水位计；9—人孔；10—外人梯

(2) 集气罐和排气阀

集气罐和排气阀是热水供暖系统中常用的空气排出装置，有手动和自动之分。如图 4-25 所示为手动集气罐，如图 4-26 所示为自动排气罐（阀），如图 4-27 所示为手动排气阀。如图 4-28 所示为

ZPT-C 型自动排气阀构造图。

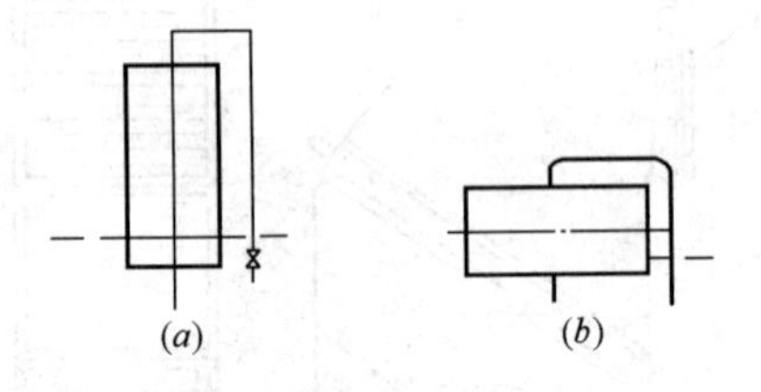

图 4-25　手动集气罐

(a) 立式集气罐；(b) 卧式集气罐

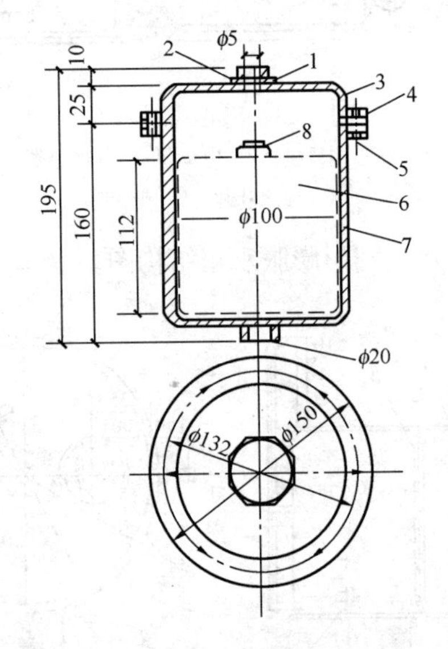

图 4-26　自动排气罐（阀）

1—排气口；2—橡胶石棉垫；3—罐盖；4—螺栓；
5—橡胶石棉垫；6—浮体；7—罐体；8—耐热橡皮

（3）补偿器

热媒在输送中管道会产生热伸长，为消除因热伸长而使管道产生的热应力影响而设置的抵消热应力的设备则称为补偿器。

室内供暖系统，受建筑物形状、面积等多种因素的影响，系统的水平干线直线管段较短而管道转弯处较多，其热伸长量可自然补偿。只有热媒温度较高，且直线干管较长时，考虑设置补偿器。

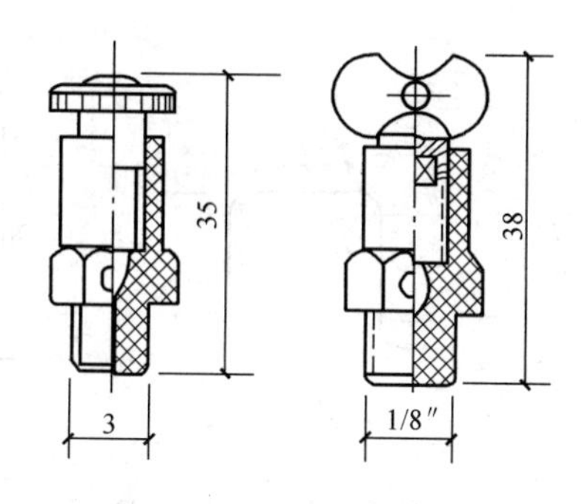

图 4-27　手动排气阀

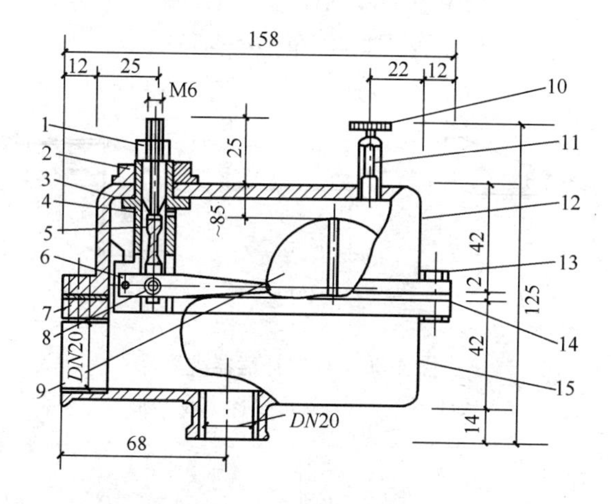

图 4-28　ZPT-C 型自动排气阀构造图

1—排气芯；2—六角锁紧螺母；3—阀芯；4—橡胶封头；5—滑动杆；6—浮球杆；7—铜锁钉；8—铆钉；9—浮球；10—手拧顶针；11—手动排气座；12—上半壳；13—螺栓螺母；14—垫片；15—下半壳

在跨度较大的车间或公共场所，管道直线段较长，应进行补偿，一般采用方形补偿器或套筒补偿器。

如图 4-29～图 4-35 所示为供暖系统中所用的各种补偿器。

（4）疏水器组

疏水器组由疏水器、过滤器、阀门、冲洗管、检查管及旁通管组成（图 4-36）。

1）冲洗管：冲洗系统管路和排除空气用。

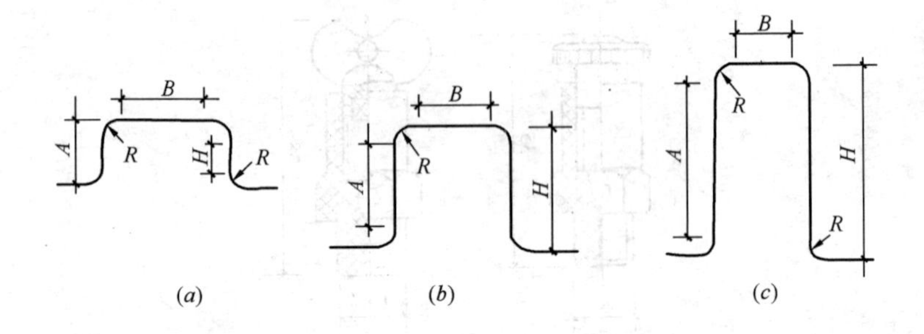

图 4-29　方形补偿器类型（$R=4D$，D 为管径）

（a）Ⅰ型短臂型（$B=2A$）；（b）Ⅱ型等臂型（$B=A$）；

（c）Ⅲ型长臂型（$B=0.5A$）

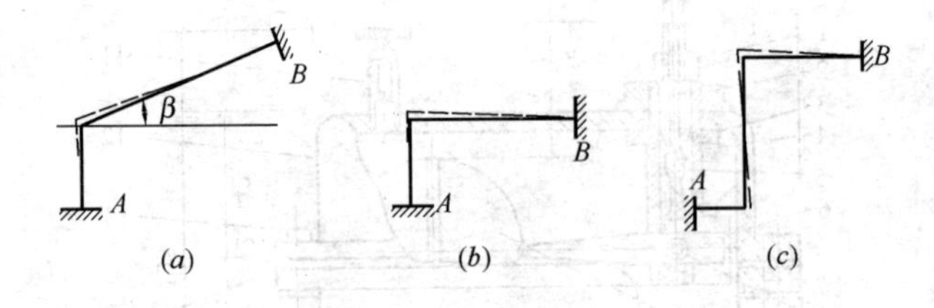

图 4-30　自然补偿器类型

（a）L 形；（b）直角弯形；（c）Z 形

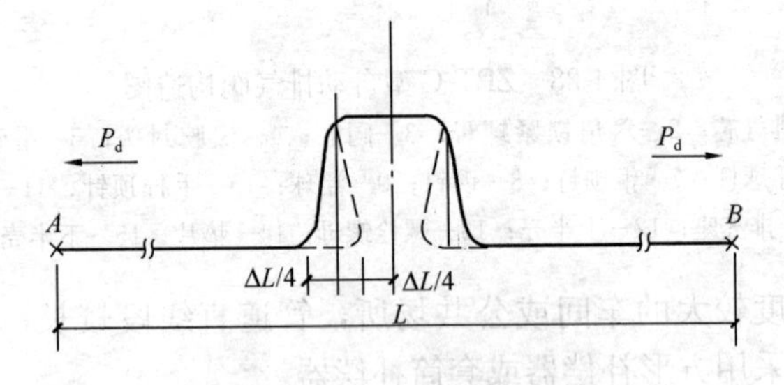

图 4-31　方形补偿器变形示意

2）旁通管：系统初运行时，用于排放凝结水。

系统初运行时，管道内会产生大量凝结水（管壁吸热冷凝），应从旁通管将其快速排放，保护疏水器并使系统迅速进入正常运行。

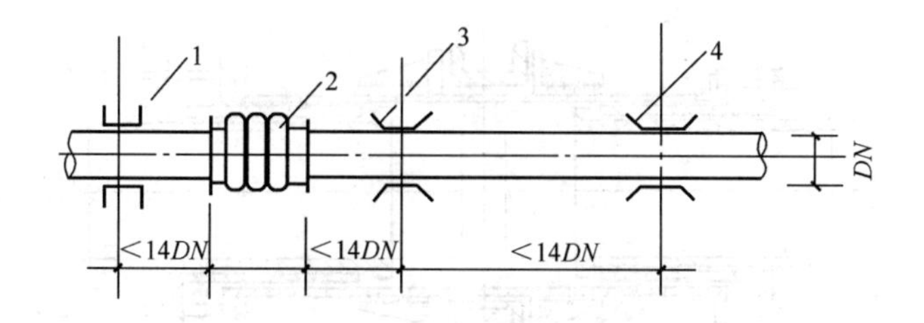

图 4-32　波纹补偿器安装位置

1—固定支架；2—波纹补偿器；

3—第一导向支架；4—第二导向支架

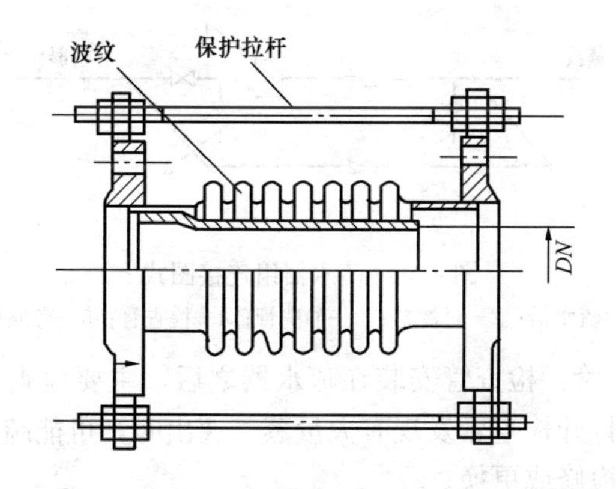

图 4-33　轴向内压型波纹补偿器

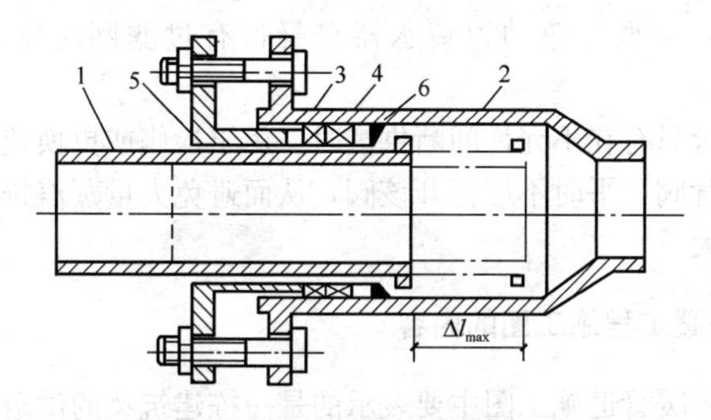

图 4-34　套筒式补偿器

1—内套筒；2—外壳；3—压紧环；

4—密封填料；5—填料压盖；6—填料支承环

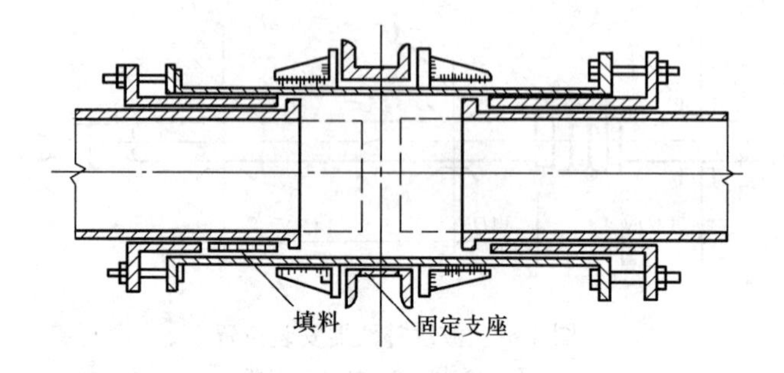

图 4-35　双向套筒补偿器

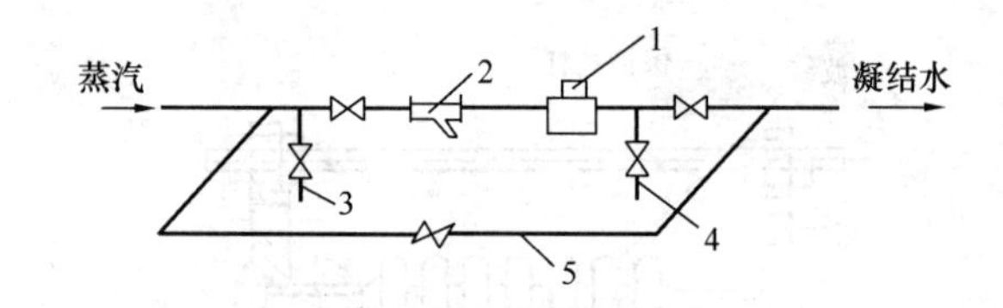

图 4-36　疏水器组连接图式

1—疏水器；2—过滤器；3—冲洗管；4—检查管；5—旁通管

3）检查管：检查管安装在疏水器之后，主要检查疏水器工作是否正常，打开检查管发现有大量蒸气逸出时，可能疏水器工作失灵，应进行检修或更换。

4）过滤器：可除去凝结水中杂质，以保证疏水器不被泥沙或锈渣堵塞，小型号热动力疏水器自身带有过滤网时可不另设过滤器。

旁通管只有在不允许间断供汽时，用于检修或更换疏水器才可打开旁通管阀，平时不应打开该阀，从而避免大量蒸汽排除而造成热损失加大。

4.1.4　采暖工程施工图的内容

室内采暖管道施工图主要表示的是一栋建筑物的供暖系统，包括平面图、系统图、详图及设计与施工说明。

1. 平面图

平面图表示的是建筑物内供暖管道及设备的平面布置，主要表示管道、附件及散热器在建筑物平面上的位置和相互关系。平面图的内容有：

（1）建筑物的层数、平面布置。

（2）热力入口位置、散热器的位置、种类、片数和安装方式。各种散热器的规格及数量应按下列规定标注：

1）柱型散热器只标注数量。

2）圆翼型散热器标注根数和排数。

3）光排管散热器标注管径、长度、排数及型号（A 型和 B 型）。

（3）管道的布置、干管管径和立管编号。

（4）主要设备或管件的布置。

2. 系统图

系统图与平面图配合，反映了供暖系统的全貌。采暖系统图主要表示从热媒入口至出口的采暖管道，散热设备及附件的空间位置和互相之间的关系。系统图的主要内容有：

（1）管道布置方式。

（2）热力入口管道、立管、水平干管走向。

（3）立管编号、各管段管径和坡度、散热器片数、系统中所用管件的位置、个数和型号等。

3. 详图

采暖施工图的详图包括标准图和节点图两种。标准图是详图的重要组成部分。供水管、回水管与散热器之间的连接形式、详细尺寸和安装要求，均可用标准图表示。因此，对施工技术人员来说，掌握常用的标准图，掌握必要的安装尺寸和管道配件、施工做法，对组织施工活动，控制施工质量是十分必要的。

采暖管道施工中常用标准图的内容包括：

（1）膨胀水箱、冷凝水箱的制作、配件与安装。

（2）分汽罐、分水器、集水器的构造、制作与安装。

（3）疏水器、减压阀、减压板的组成形式和安装方法。

（4）散热器的连接与安装要求。

（5）采暖系统立、支、干管的连接形式。

（6）管道支、吊架的制作与安装。

（7）集汽罐的制作与安装。

4. 设计与施工说明

设计与施工说明是设计图的重要补充，一般有以下内容：

（1）热源的来源、热媒参数、散热器型号。

（2）安装、调整运行时应遵循的标准和规范。

（3）施工图表示的内容。

（4）管道连接方式及材料等。

4.2 采暖工程施工图识读实例

实例1：室内采暖平面图识读（一）

阅读建筑室内采暖平面图应注意以下方面：

（1）了解建筑物的总长、总宽及建筑轴线情况。

（2）了解建筑物朝向、出入及分间情况。

（3）了解供暖的整体概况，明确供暖管道布置形式、热媒入口、立管数目及管道布置的大致范围。

（4）查明建筑物内散热器的平面位置、种类、片数及散热器的安装形式、方式，即散热器是明装、暗装或半暗装的。通常散热器是安装在靠外墙的窗台下，散热器的规格和数量应注写在本组散热器所靠外墙的外侧，如果散热器远离房屋的外墙，可就近标注。

（5）查明水平干管的布置方式，干管上的阀门、固定支架、补偿器等的平面位置及型号。识读时需注意干管敷设在最高层、中间层还是底层，以此判断是上分式系统、中分式系统或下分式系统，在底层平面图上还需查明回水干管或者凝结水干管（虚线）的位置以及固定支架等的位置。回水干管敷设在地沟内时，则需要查明地沟的尺寸。

（6）通过立管编号查清系统立管数量和平面布置。

（7）查明热媒入口。

（8）在热水采暖系统平面图中查明膨胀水箱、自动排气阀或集气罐的位置、型号、配管管径及布置。对车间蒸汽采暖管道，应查明疏水器的平面位置、规格尺寸、疏水装置组成等。

（9）查明热媒入口及入口地沟情况。

①热媒入口无节点详图时，平面图上一般将入口组成的设备如减压阀、疏水器、分水器、分汽缸、除污器、控制阀、温度计、压力表、热量表等表示清楚，并标注管径、热媒来源、流向、热工参数等。

②如果热媒入口主要配件与国家标准图相同，平面图则注明规格、标准图号，按给定标准图号查阅。

③热媒入口有节点详图时，平面图则注明节点图的编号以备查阅。

下面通过实例讲解怎样看建筑室内采暖平面图，如图 4-37、图 4-38、图 4-39 是某学校办公楼的底层、标准层和顶层采暖平面图。

从上图中可以看出以下内容：

（1）该工程为热水供暖系统，其管道布置形式为单管跨越式。

（2）从底层平面图上看到该系统的热媒入口在房屋的东南角。

（3）图 4-37 中标明了立管编号，本系统共有 12 根立管。

（4）在底层供暖平面图 4-37 中可知，回水干管安装在底层地沟内，室内地沟用细实线表示，粗虚线表示的是回水干管。

（5）标注的暖气沟人孔分别设立在外墙拐角处，共 5 个。

（6）共设有 7 个固定支架。

（7）每个房间设有散热器，散热器一般沿内墙安装在窗台下，立管处于墙角。散热器的片数可以从图中的数字读出，如底层休息室的散热器的片数为 16 片。

（8）在标准层供暖平面图 4-38 中，既没有供热干管也没有回水干管，只反映立管通过支管与散热器的连接情况。在本例中，因顶层（四层）的北外墙向外拉齐，所以立管在三层到四层处拐弯，图中表示出此转弯的位置，并说明此管线敷设于三层顶板下。

（9）在顶层供暖平面图 4-39 中，用粗实线标明了供热干管的布置，及干管与立管的连接情况。

（10）通过对散热器的平面布置情况以及散热器的片数的识读，可发现顶层的散热器的片数比底层及标准层的散热器的片数要多一些。

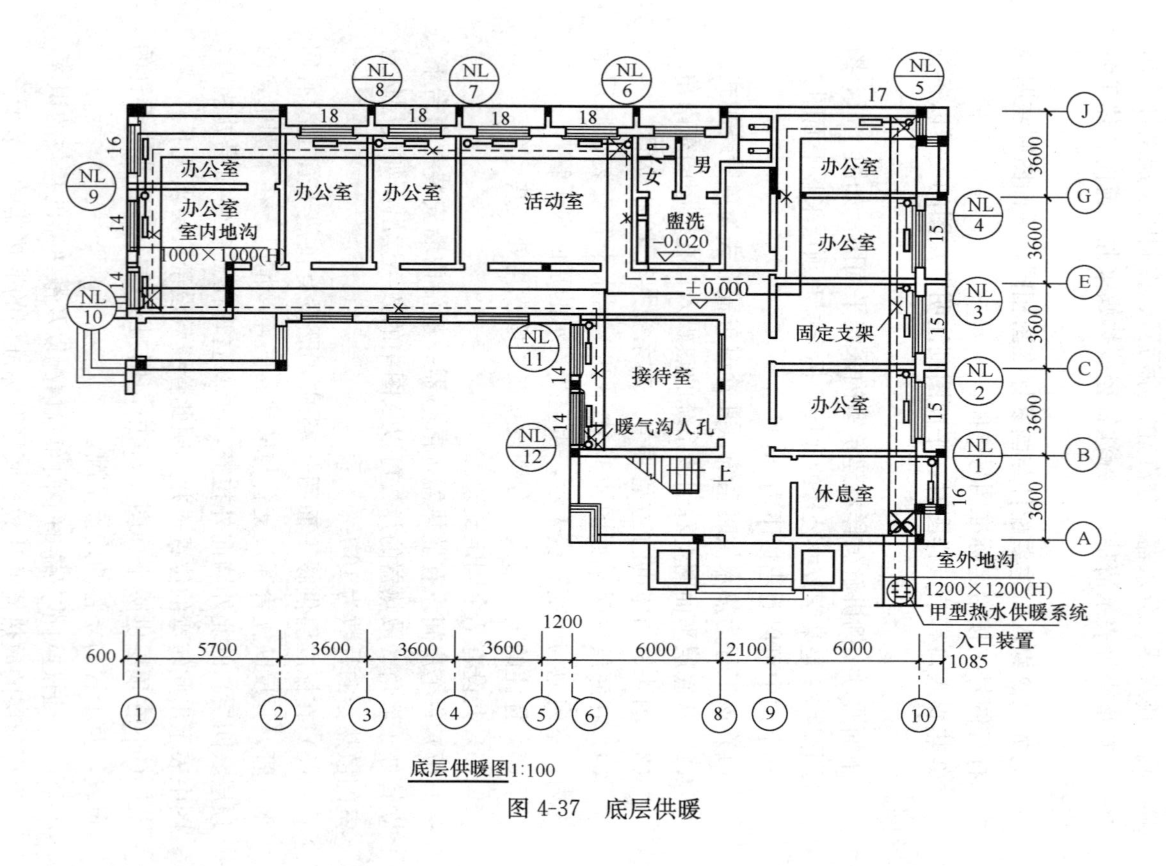
办公室
办公室
办公室
办公室
室内地沟
1000×1000(H)
活动室
女
男
盥洗
−0.020
±0.000
办公室
办公室
固定支架
办公室
休息室
接待室
暖气沟人孔
上
室外地沟
1200×1200(H)
甲型热水供暖系统
入口装置
NL 1
NL 2
NL 3
NL 4
NL 5
NL 6
NL 7
NL 8
NL 9
NL 10
NL 11
NL 12
600
5700
3600
3600
3600
1200
6000
2100
6000
1085
底层供暖图1:100

图 4-37　底层供暖

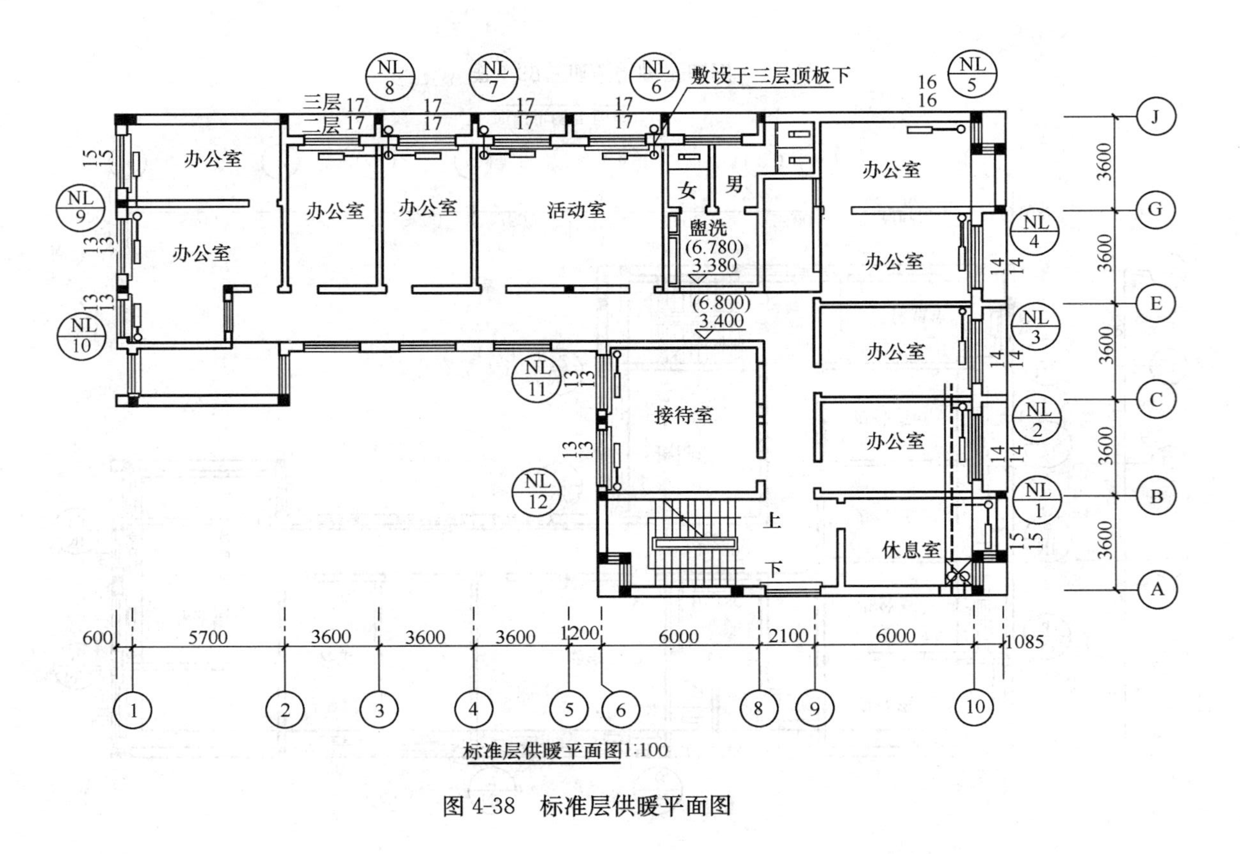

图 4-38 标准层供暖平面图

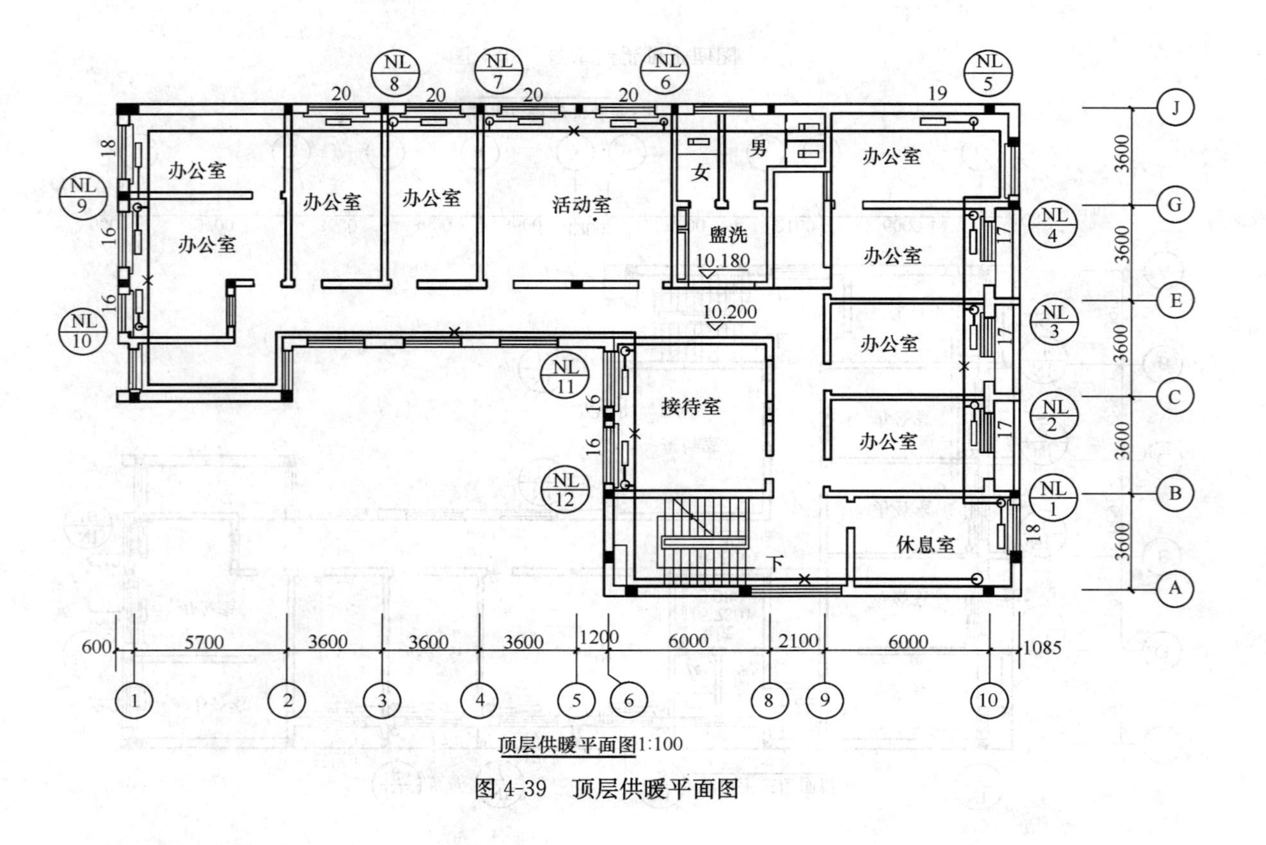

图 4-39　顶层供暖平面图

实例 2：室内采暖平面图识读（二）

如图 4-40 所示为某学校三层教室的供暖平面图。

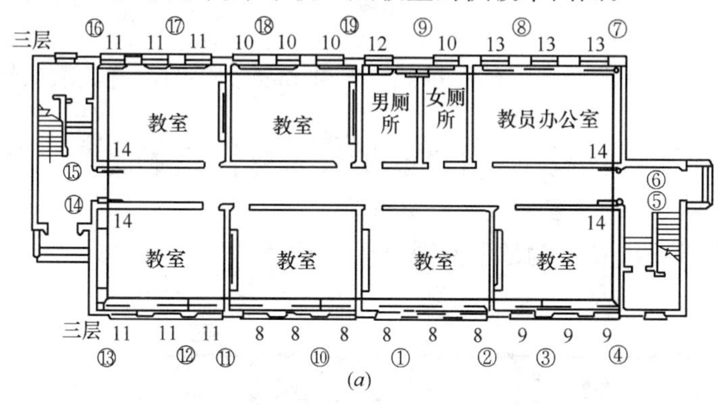

(*a*)

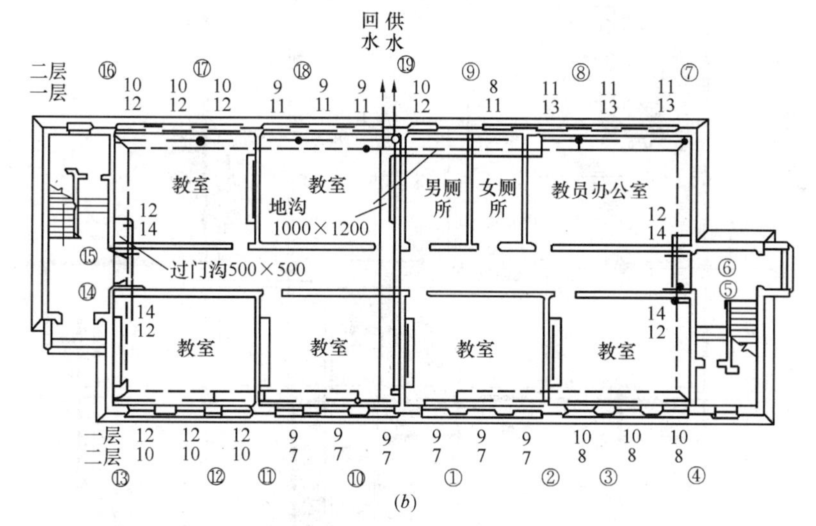

(*b*)

图 4-40　供暖平面图

(*a*) 顶层供暖平面图；(*b*) 底层供暖平面图

注：散热器型号为铸铁柱形 M132 型。

从上图中可以看出以下内容：

(1) 每层有 6 个教室，一个教员办公室，男女厕所各一间，左右两侧有楼梯。

(2) 由底层平面图可知，供热总管从中间进入后即向上行；回水干管出口在热水入口处，并能看到虚线表示的回水干管的走向。

（3）由顶层平面图可知，水平干管左右分开，各至男厕所，末端装有集气罐。

（4）各层平面图上标有散热器片数和各立管的位置。散热器均在窗下明装。

（5）供热干管在顶层上，说明该系统属上供下回式。

实例 3：地下室采暖平面图识读

如图 4-41 所示为地下室暖通平面图。

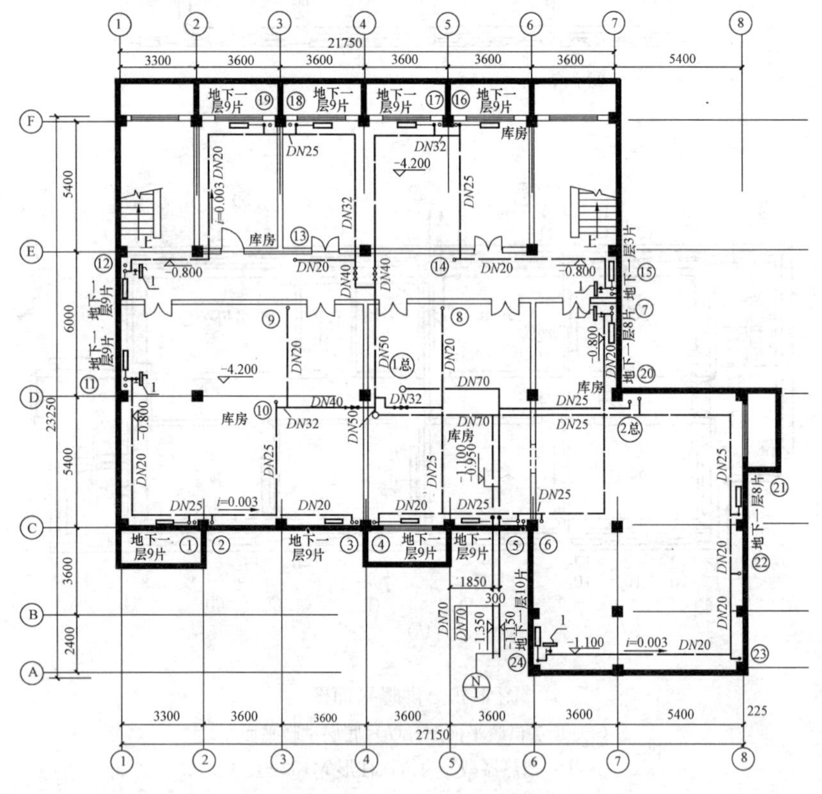

图 4-41　地下室暖通平面图

从图中可以看出以下内容：

1. 本采暖系统采用的是上供下回的系统形式，即供水干管设在三层屋顶（餐厅部分供水干管设在一屋屋顶），回水干管设在地下室。

2. 供水、回水总管均设在C轴南侧，⑤轴东侧。回水总管距⑤轴 1850mm，标高 －1.35mm 供水总管距⑤轴 2150m，标高－1.15m。供水总管引入后，向北，分为两个部分，一部分过D轴后，向西，过⑤轴后，设1根供水总立管，将供水送到三层的供水干管中，其管径为70mm。另一部分，在接近D轴处，向东，过⑦轴后设一根总立管，见图中2总，将供水送到一层餐厅的供水干管的管径为25mm。

3. 回水干管均设在地下室。为识读方便，将整个回水干管分为两个部分：

(1) 第一部分是由供水总立管（1总）负责供水的各立管的回水，共包括19根立管，即立管①～立管⑲。在这一部分中又分为4个支路：

1）第一支路，先在⑦轴西侧，E轴南侧找到立管⑮。立管⑮下边接回水干管，干管先向西，再向北，向西。在⑤轴处，有立管⑭接入，然后，干管向北，在靠近F轴处，有立管⑯接入，向西，有立管⑰接入。继续向西，再向南。

2）第二支路，先在①轴东侧，E轴南侧找到主管⑫，立管⑫接入干管，干管向东，向北，再向东向北，向东。在③轴西侧接入立管⑲，③轴东侧接入立管⑱，继续向东，再向南，过E轴后，立管⑬从西侧接入，然后，向南，再向东，与第一支路汇合，一起向南。

3）第三支路，先在E轴南侧，⑦轴西侧找到立管⑦。立管⑦接入干管，向西，向南，靠近C轴时，向西。在⑥轴东侧有立管⑥接入，⑥轴西侧有立管⑤接入。继续向西，过⑤轴后，与西侧连接立管④的干管汇合，一起向北。在接近D轴时，又与北侧连接立管⑧的干管汇合，再一起向西，与连接一、二支管的干管汇合。

4）第四支路，先在①轴东侧，D轴北侧，找到立管⑪。立管⑪接入干管后，向东、向南，再向东。在②轴西侧有立管①接入，东侧有立管②接入。继续向东，在③轴西侧与东侧连接立管③的干管汇合，一起向北。在靠近D轴处，与北侧连接立管⑩的干管汇合，一起向东，又与北侧连接立管⑨的干管汇合，共同向东，与连接一、二、三支管的干管汇合。

四个支管的回水汇合在一起，向南，向下，再向东。

(2) 第二部分是由总干管负责供应的各立管的回水，包括立管⑳～立管㉔。我们先在⑥轴东侧，A 轴北侧，找到立管㉔。立管㉔接入干管，干管向东，向北，再向东。在靠近⑧轴时，有连接立管㉓的干管接入，一起向北。过 B 轴有立管㉒接入，过 C 轴有立管㉑接入。继续向北后，向西，接近⑦轴时，有立管⑳接入，一起向西，过⑥轴后，与第一部分的回水汇合，一起进入回水总干管，向南。所有干管的管径、坡度均在图纸中表示出来。

4. 地下室中，共设置 5 个自动排气阀，分别设在系统中第一部分四个支路的端点和第二部分的端点，图中已标注出来，找到立管⑮、⑫、⑦、⑪、㉔时，便可看到。

5. 散热器的位置均在立管附近，只要找到各个立管，便可了解散热器的位置，同时，在每组散热器处，已用文字标注出该组散热器的片数。例如：在②轴西侧，C 轴北侧，找到立管①，可以看到，从立管①向西引出支管，连接一组散热器，片数为 9 片。在②轴东侧，C 轴北侧，有立管②，但未从立管②上引出支管，接散热器，说明立管②在地下室中不连接散热器，在其他层中连接散热器，读者可参照立管图。

6. 此外，还可看到立管①与立管②有一点不同，就是在立管①东侧还有一根回水立管。从立管图中可看到，立管①从三层屋顶干管引入后，分别将热水供给三层、二层、一层、地下室的四组散热器，地下室散热器散热后的回水，经回水立管后，回到地下室屋顶处的回水干管中。

7. 其他各个管，可按上述方法，逐个阅读。

实例 4：室外采暖平面图识读

阅读建筑室外采暖平面图应注意以下方面：

1. 查明供水管路的布置形式。

2. 查明管道的平面布置位置。

3. 查明热水引出支管的走向。

4. 查明供暖热水管路的节点、距离、标高、管路转向等。

下面通过实例讲解怎样看建筑室外采暖平面图，如图 4-42 所示为室外供暖管道平面图，图 4-43 所示为室外供暖管道纵断面图。

说明:
1.管道采用直埋敷设;
2.管道采用波纹管补偿器用“-∞-”表示;
3.固定支架用“GZ”表示;
4.图中尺寸均以“m”计算。

图 4-42　室外供暖管道平面图

从上图中可以看出以下内容：

1. 该室外供暖管道的供热水管和回水管平行布置。

2. 管路从检查室 3 开始向右延伸至检查室 4，经检查室 4 向右经补偿器井 6，再转向检查室 5，继续向前。

3. 管道的平面布置从图上的坐标可看出具体位置。平面图上还可看到设计说明、固定支架、波纹管补偿器、从检查室引出支管经阀门通向供暖用户。

4. 以检查室 3 为例，节点编号 J49，距热源出口距离为 799.35m，地面标高为 150.21m，管底标高为 148.12m，检查室底标高为 147.52m；其他检查室读法相同。到检查室 4 距离为 73m，管道坡度为 0.008，左低右高，管径为 426mm，壁厚为 8mm，保温外径为 510mm；其他管段读法相同。

5. 图上还标有固定支座推力、标高、坐标、管道转向和转角

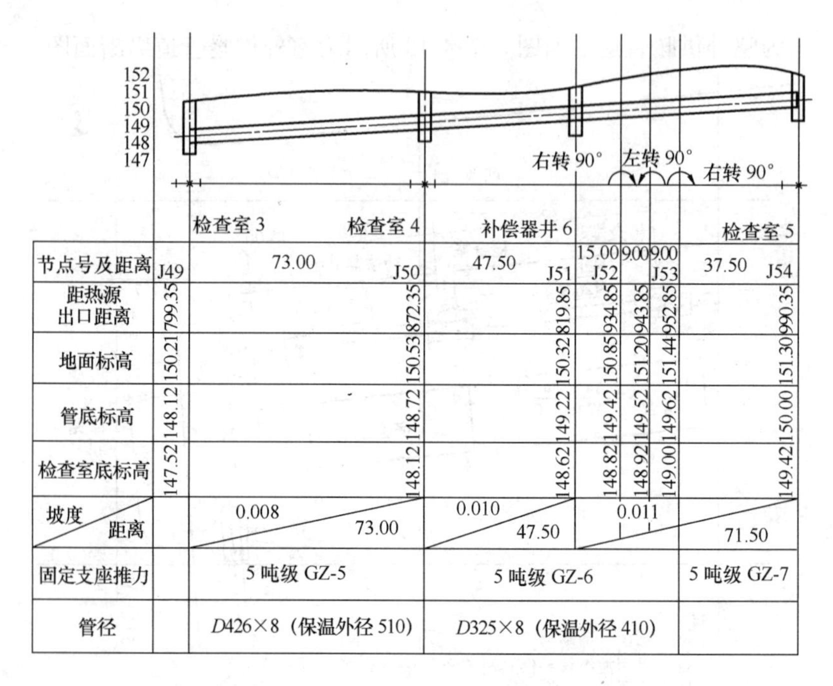

图 4-43　室外供暖管道纵断面图

等内容。

实例 5：室内采暖系统图识读

阅读建筑室内采暖系统图应注意以下方面：

1. 查明管道系统中干管与立管之间及支管与散热器之间的连接方式。

2. 查明阀门安装位置及数量。

3. 查明各管段管径、坡度坡向、水平干管的标高、立管编号、管道的连接方式。

4. 查明散热器的规格型号、类型、安装形式、方式及片数（中片和足片）、标高、散热器进场形式（现场组对或成品）。

5. 查明各种阀件、附件及设备在管道系统中的位置，凡是注有规格型号者，应与平面图和材料明细表进行校对。

6. 查明热媒入口装置中各种阀件、附件、仪表之间相对关系及热媒的来源、流向、坡向、标高、管径等。有节点详图时，应查明详图编号及内容。

7. 查明支架及辅助设备的设置情况。支架、辅助设备具体位置在平面图上已表示出来了，立、支管上的支架在施工图中不画出来的，应按规范规定进行选用和设置。

8. 采暖管道施工图有些画法是示意性的，有些局部构造和作法在平面图和系统图中无法表示清楚，因此在看平面图和系统图的同时，根据需要查看部分标准图。

下面通过实例讲解怎样看室内采暖系统图，如图 4-44 所示为某学校三层教室的供暖系统图。

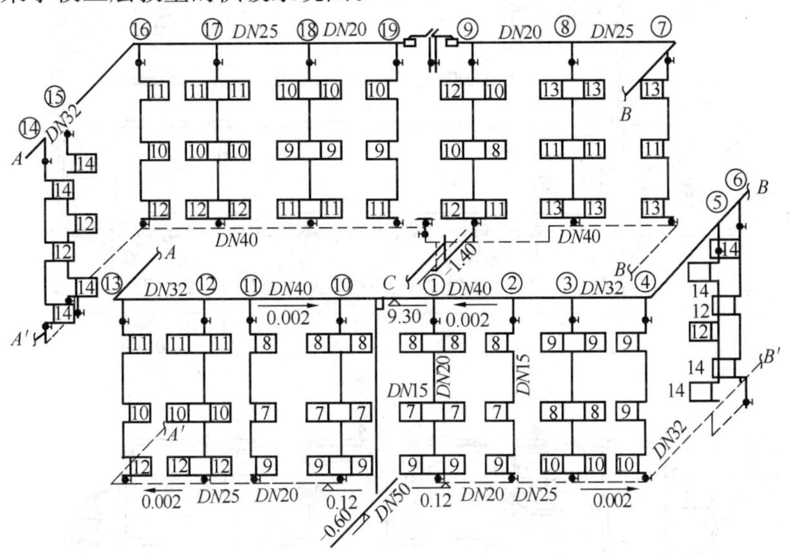

图 4-44　供暖系统图

从上图中可以看出以下内容：

1. 该系统属上供下回、单立管、同程式。

2. 供热总管从地沟引入，直径 *DN*50。

3. 水平干管 *DN*40，变为 *DN*32，再变为 *DN*25，*DN*20。

4. 两条回水管径渐变为 *DN*20，*DN*25，*DN*32，*DN*40，再合并为 *DN*50。

5. 左有 10 根立管，右有 9 根立管。

6. 双面连散热器时，立管管径 $DN20$，散热器横支管管径 $DN15$；单面连散热器时，立管管径、横支管管径均为 $DN15$。

7. 散热器片数，以立管①为例，一层 18 片，二层 14 片，三层 16 片，共 6 组散热器。

实例 6：采暖管道平面图、系统图识读

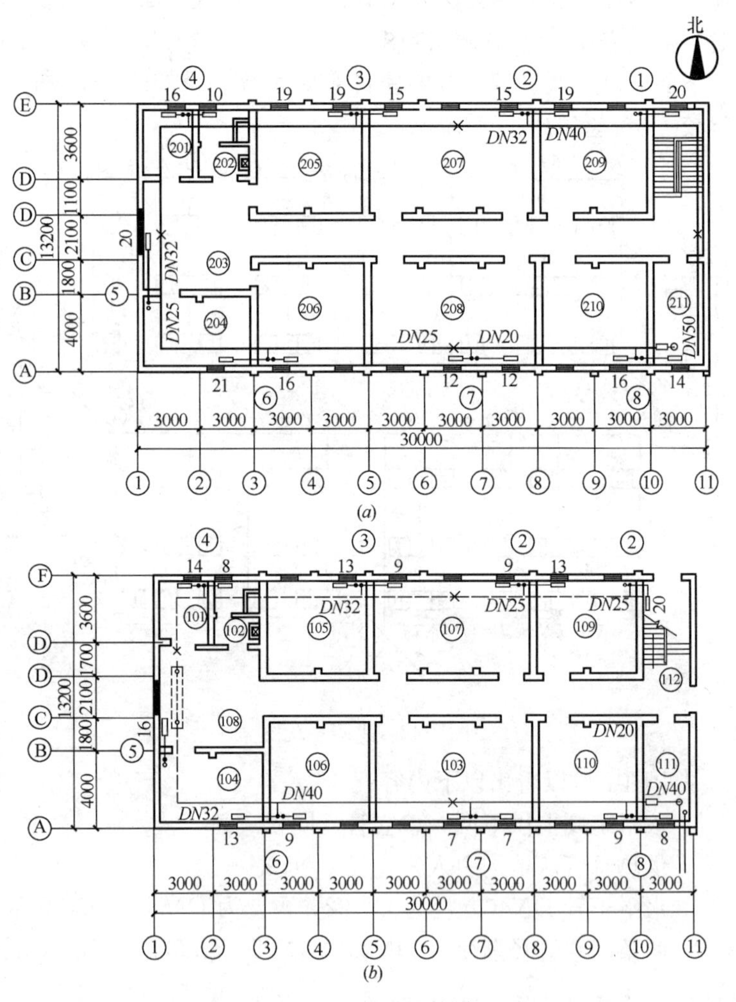

图 4-45　办公大厦采暖管道平面图

(a) 二层采暖平面图；(b) 一层采暖平面图

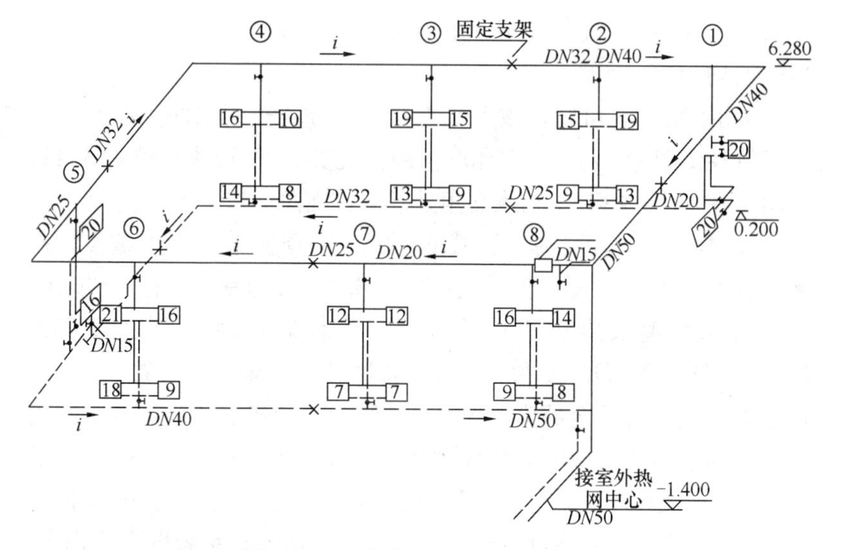

图 4-46 办公大厦采暖管道系统图

说明：1. 全部立管管径均为 DN20；接散热器支管管径均为 DN15。

2. 管道坡度为 $i=0.002$。

3. 散热器为四柱型，二层楼的散热器为有脚的，其余均为无脚的。

4. 管道应刷一道醇酸底漆，两道银粉。

如图 4-45 所示是办公大厦一层和二层采暖平面图，如图 4-46 所示是办公大厦采暖系统图。

从上图中可以看出以下内容：

1. 该办公大厦总长 30m，总宽 13.2m，水平建筑轴线为 1～11，竖向建筑轴线为 A～F。

2. 该建筑物坐北朝南，东西方向长，南北方向短，建筑出入口有两处，其中一处在 10—11 轴线之间，并设有通向二楼的楼梯，另一处在 C—D 轴线之间。每层有 11 个房间，大小面积不等。

3. 该大厦所用散热器为四柱型，其中二楼的散热片为有脚的。系统内全部立管的管径为 DN20，散热器支管管径均为 DN15。水平管道的坡度均为 $i=0.002$，管道油漆的要求是一道醇酸底漆，两道银粉漆。

4. 除在建筑物两个入口处散热器布置在门口墙壁上外，其余散热器全部布置在各个房间的窗台下，散热器的片数都标注在散热器图例内或边上，如 107 房间两组散热器均为 9 片，207 房间两组散热器均为 15 片。

5. 由图 4-46 可知，该大厦为双管上分式热水采暖系统，热媒干管管径 $DN50$，标高 -1.400 由南向北穿过 A 轴线外墙进入 111 房间，在 A 轴线和 11 轴线交角处登高，在总立管安装阀门。

6. 本例总立管登高至二楼 6.00m，在顶棚下面沿墙敷设，水平干管的标高以 11—F 轴线交角处的 6.280m 为基准，按 $i=0.002$ 的坡度和管道长度进行计算求得。干管的管径依次为 $DN50$、$DN40$、$DN32$、$DN25$ 和 $DN20$。通过对立管编号的查看，一共 8 根立管，立管管径全部为 $DN20$，立管为双管式，与散热器支管用三通和四通连接。回水干管的起始端在 109 房间，标高 0.200m，沿墙在地板上面敷设，坡度与回水流动方向同向，水平干管在 109 房间过门处，返低至地沟内绕过大门，具体走向和作法在系统图有所表示。回水干管的管径依次为 $DN20$、$DN25$、$DN32$、$DN40$、$DN50$，水平管在 111 房间返低至 -1.400m，回水总立管上装有阀门。

7. 供水立管始端和回水立管末端都装有控制阀门（1 号立管上未装，装在散热器的进出口的支管上）。

8. 干管上设有固定支架，供水干管上有 4 个，回水干管上有 3 个。

9. 在供水干管的末端设有集气罐（在 211 房间内），为横式Ⅱ型，集气罐需加工制作，其加工详图如图 4-47 所示。

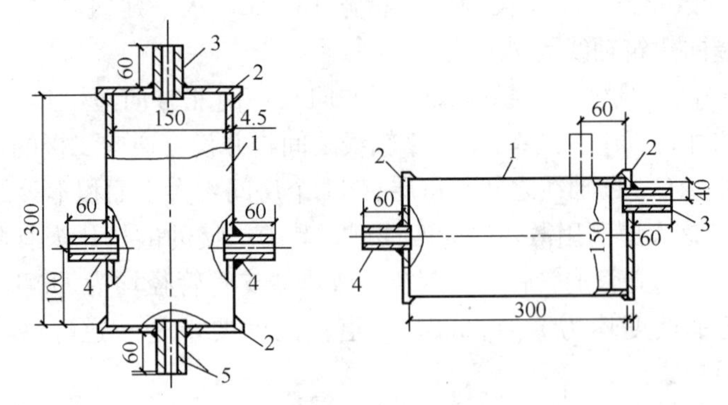

图 4-47　集气罐构造

1—外壳；2—盖板；3—放空气管；4—供水干管；5—供水立管

实例 7：地下室采暖立面图识读

阅读建筑室内采暖立面图应注意以下方面：

1. 查明采暖系统各立管空间位置及详细布置。

2. 查明散热器的规格型号、类型、安装形式、方式及片数等。

3. 查明各种阀件、附件及设备在管道系统中的位置。

下面通过实例讲解怎样看室内采暖立面图，如图 4-48 所示为采暖立管图。

从上图中可以看出以下内容：

1. 立管⑩：

（1）立管⑩从三层干管向下出，先设一阀门，在三层，向左接一根支管，支管上设阀门，接一组散热器，片数为 4 片。

（2）回水继续向下，在二层向左接支管，先设阀门，再接一组散热器，片数为 3 片。

（3）回水继续向下，在一层，向左、右各接一根支管，分别设阀门，接一组散热器，片数均为 5 片。

（4）两组散热器回水向下，进入地下室屋顶的回水干管。

2. 立管⑪：

（1）从三层干管向下接出，设置阀门，在三层向右接支管，设阀门后连接散热器，片数为 5 片。

（2）回水向下，在二层向右接支管，设阀门后连接散热器，片数为 4 片。

（3）回水向下，在一层向右接支管，设阀门后连接散热器，片数为 10 片。

（4）回水向下，在地下室向右，设阀门后连接散热器，片数为 9 片。

（5）回水先向左，再沿回水立管向上，设阀门后，进入地下室屋顶的回水干管。

3. 其他立管可按上述方法逐个阅读。

实例 8：钢制闭式串片型散热器安装施工图识读

如图 4-49 所示为钢制闭式串片型散热器安装图。

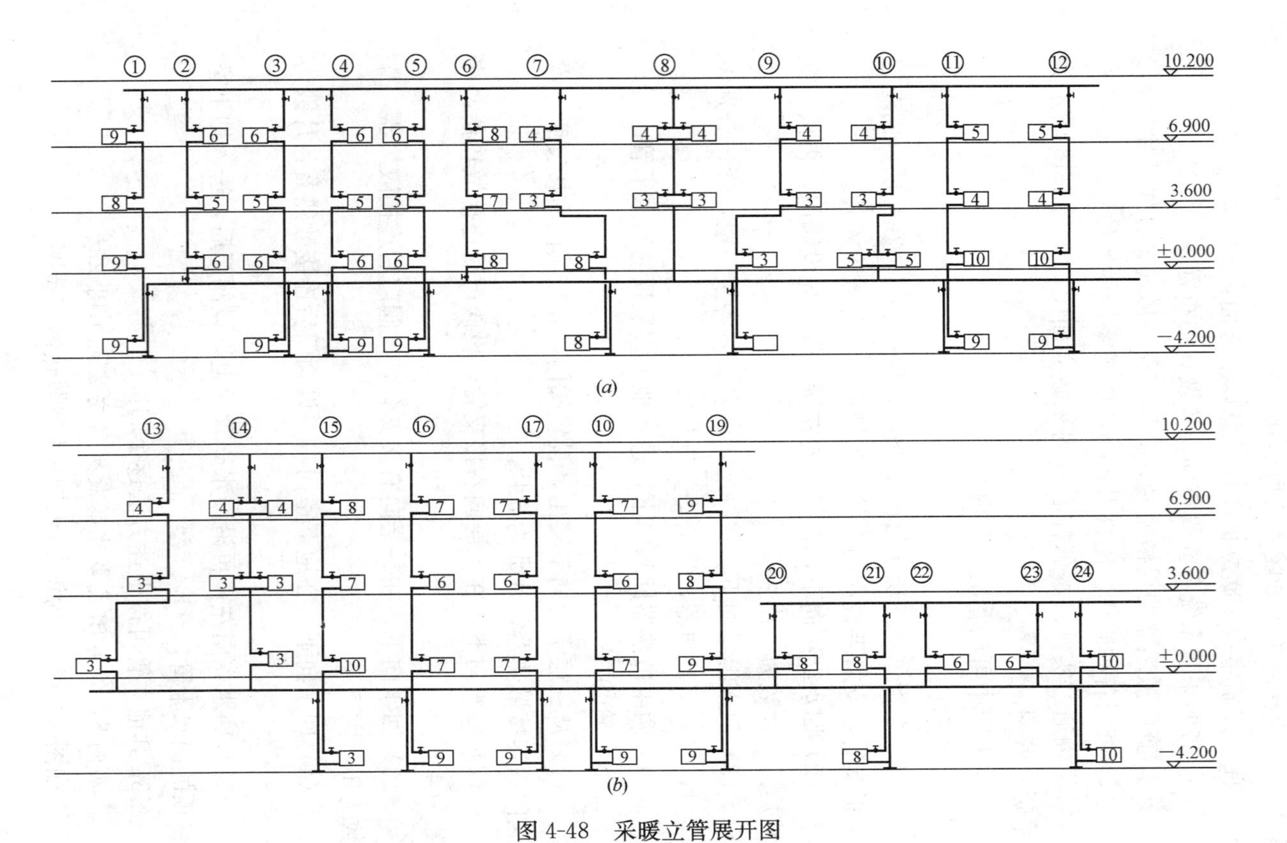

图 4-48　采暖立管展开图

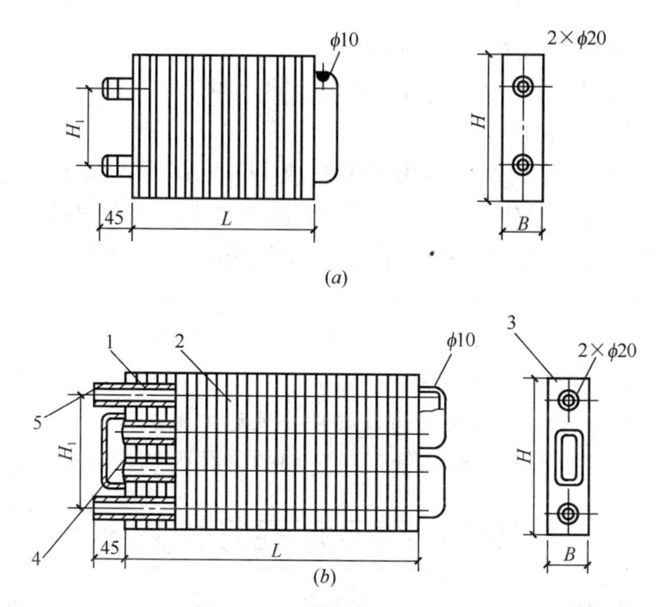

1—*DN*20 或者 *DN*25 钢管；2—散热片（0.5mm 厚线折角）；
3—护板；4—联箱；5—G3/4

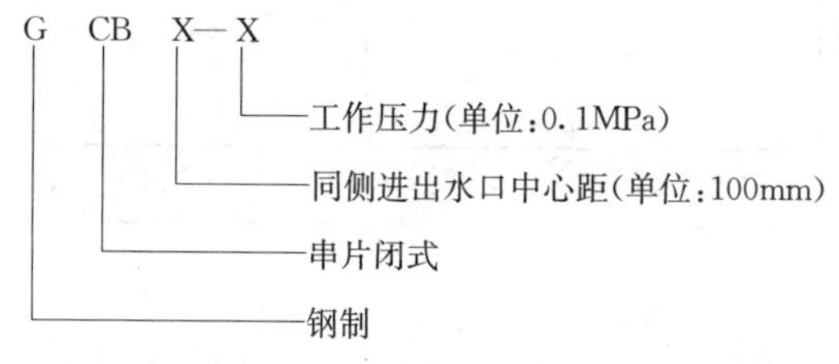

(*c*)

钢制闭式串片散热器外形尺寸、极限偏差及散热量参数表

散热器高度 H（mm）		同侧进出口中心距 H_1（mm）		散热器宽度 B（mm）		每米最小散热量（W）
基本尺寸	极限偏差	基本尺寸	极限偏差	基本尺寸	极限偏差	
150	±0.8	70	±0.37	80	±0.60	720
240	±0.93	120	±0.44	100	±0.70	980
300	±1.05	220	±0.58	80	±0.60	1180

注：散热器长 L=400～1400mm，根据所需散热量设计。

图 4-49　钢制闭式串片式散热器安装图

(*a*) GCB-$^{0.7}_{1.2}$-10 系列散热器；(*b*) GCB-2.2-10 系列散热器；

(*c*) 钢制闭式串片散热器型号表示方法

从上图中可以看出以下内容：

1. 该散热器的工作压力：热媒为热水时 $P=1.0$MPa；热媒为蒸汽时 $P=0.3$MPa。

2. 钢制串片式散热器用 DN20 或 DN25 钢管，每米串过 100 片（0.5m 厚矩形钢片），散热片折边的称为闭式钢串片散热器（定型产品），不折边的称为开式钢串片散热器（很少使用）。

3. 散热器安装前应根据《采暖散热器　钢制闭式串片散热器》JG/T 3012.1—1994 对散热器进行检查验收，其外形尺寸偏差及性能参数应符合上表所示标准。

实例 9：管井内采暖管道及配件安装施工图识读

如图 4-50 所示为地沟管入建筑物的管井内热水采暖管道及配

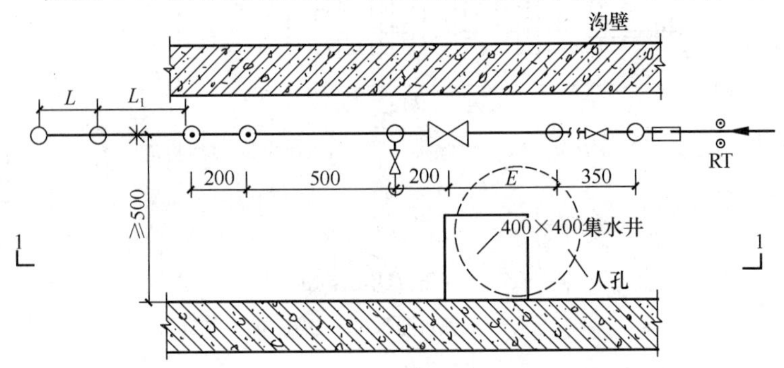

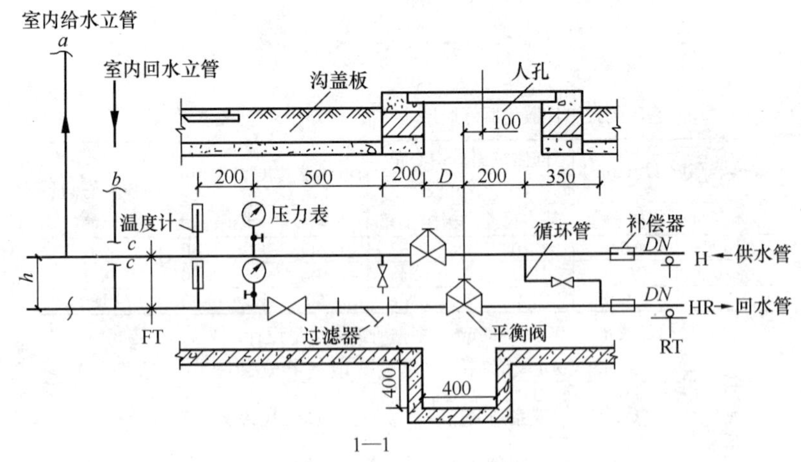

图 4-50　地沟管入建筑物的管井内热水采暖管道及配件安装图

件安装。

从上图中可以看出以下内容：

1. 检查井室、用户入口处管道布置应便于操作及维修，支、吊、托架稳固，且满足设计要求。

2. 供热管道的水管或蒸汽管，设计无规定时，应敷设在载热介质前进方向的右侧上方。

3. 地沟内的管道安装位置，其净距（保温层外表面）应符合下列规定：

（1）与沟壁：100～150mm。

（2）与沟底：100～200mm。

（3）与沟顶：不通行地沟 50～100mm；半通行和通行地沟 200～300mm。

5 怎样识读通风和空调工程施工图

5.1 通风和空调工程施工图识读基础

5.1.1 通风系统的组成与分类

1. 通风系统的组成

通风系统包括风管、风管部件（各类风口、阀门、排气罩、消声器、检查测定孔、风帽、吊托支架等）、风管配件（弯管、三通、四通、异径管、静压箱、导流叶片法兰及法兰连接件等）、风机、空气处理设备等。

2. 通风系统的分类

通风系统按工作动力的分类见表 5-1。

通风系统按工作动力的分类　　表 5-1

项　目	内　容
自然通风	利用室外冷空气与室内热空气的密度的不同，以及建筑物迎风面和背风面风压的不同而进行的通风称为自然通风。 自然通风可分为有组织的自然通风、管道式自然通风和渗透通风三种
机械通风	利用通风机产生的抽力或压力借助通风管网进行的通风称为机械通风。 通风系统有送风系统和排风系统。实际中常将机械通风和自然通风结合使用。 例如，有时采用机械排风和自然送风。机械送风系统由进风百叶窗、空气过滤器（加热器）、通风机（离心式、轴流式、贯流式）、通风管以及送风口等组成，如图 5-1 所示。 机械排风系统由吸风口（吸尘罩）、通风管、通风机、风帽等组成，如图 5-2 所示

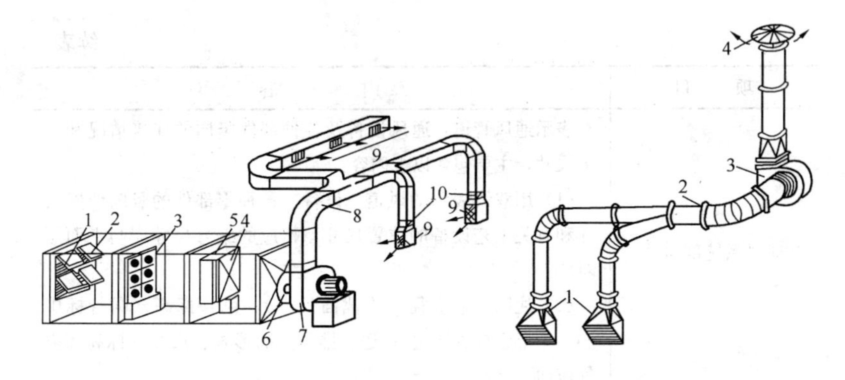

图 5-1　机械送风系统

1—百叶窗；2—保温阀；3—过滤器；4—空气加热器；5—旁通阀；6—启动阀；7—通风机；8—通风管；9—出风口；10—调节阀门

图 5-2　机械排风系统

1—排气罩；2—排风管；3—通风机；4—风帽

5.1.2　通风工程施工图的组成

通风施工图的组成，见表 5-2。

通风施工图的组成　　**表 5-2**

项　目	内　　容
通风系统平面图	主要表达通风管道、设备的平面布置情况和有关尺寸，一般应包含以下内容： (1) 以双线绘出的风道、异径管、弯头、静压箱、检查口、测定孔、调节阀、防火阀、送（排）风口等的位置。 (2) 水式空调系统中，用粗实线表示的冷热媒管道的平面位置、形状等。 (3) 送、回风系统编号，送、回风口的空气流动方向等。 (4) 空气处理设备（室）的外形尺寸、各种设备的定位尺寸等。 (5) 风道及风口尺寸（圆管注明管径，矩形管注明宽×高）。 (6) 各部件的名称、规格、型号、外形尺寸、定位尺寸等

续表

项　　目	内　　　容
通风系统剖面图	表示通风管道、通风设备及各种部件竖向的连接情况和有关尺寸，主要包含以下内容： (1) 用双线表示的风道、设备、各种零部件的竖向位置尺寸和有关工艺设备的位置尺寸，相应的编号尺寸应与平面图对应。 (2) 注明风道直径（或截面尺寸），风管标高（圆管标中心，矩形管标管底边），送、排风口的形式、尺寸、标高和空气流向
通风系统图	采用轴测图的形式将通风系统的全部管道、设备和各种部件在空间的连接及纵横交错、高低变化等情况表示出来，一般应包含以下内容： (1) 通风系统的编号、通风设备及各种部件的编号，应与平面图一致。 (2) 各管道的管径（或截面尺寸）、标高、坡度、坡向等，在系统图中的一般用单线表示。 (3) 出风口、调节阀、检查口、测量孔、风帽及各异形部件的位置尺寸等。 (4) 各设备的名称和规格型号等
通风系统样图	表示各种设备或配件的具体构造和安装情况。通风系统详图较多，一般应包括：空调器、过滤器、除尘器、通风机等设备的安装详图，各种阀门、检查门、消声器等设备部件的加工制作详图，设备基础详图等。各种详图大多有标准图供选用
设计和施工说明	(1) 设计时使用的有关气象资料、卫生标准等基本数据。 (2) 通风系统的划分。 (3) 施工做法，例如与土建工程的配合施工事项，风管材料和制作的工艺要求，油漆、保温、设备安装技术要求，施工完毕后试运行要求等。 (4) 施工图中采用的一些图例
设备和配件明细表	通风机、电动机、过滤器、除尘器、阀门等以及其他配件的明细表，在表中应注明它们的名称、规格型号和数量等，以便与施工图对照

5.1.3 空调系统的组成与分类

1. 空调系统的组成

空调系统由空气处理设备、空气输送设备、空气分配装置、冷热源和自控调节装置组成。空气处理设备主要负责对空气的热湿处理及净化处理等，例如表面式冷却器、加热器、喷水室、加湿器等；空气输送设备包括风机（如送风机、排风机）、回风管、送风管、排风管及其部件等；空气分配装置主要是各种回风口、送风口、排风口；冷热源是为空调系统提供冷量和热量的成套设备，例如锅炉房（安装锅炉及其附属设施的房间）、冷冻站（安装冷冻机及附属设施的房间）等。常用的冷冻机有冷水机组（将制冷压缩机、冷凝器、蒸发器及自控元件等组装成一体，可提供冷水的压缩式制冷机称为冷水机组）和压缩冷凝机组（将压缩机、冷凝器及必要附件组装在一起的机组）。

（1）分散式空调系统

分散式空调系统又称为局部式空调系统，该系统由空气处理设备、风机、制冷设备、温控装置等组成，上述设备集中安装在一个壳体内，是由厂家集中生产，现场安装，所以，这种系统可不用风道或者用很少的风道。此系统多用于用户分散、彼此距离远、负荷较小的情况下，经常用窗式空调器、立柜式空调机组、分体挂装式空调器等。

（2）集中式全空气系统

集中式全空气系统是指空气经集中设置在机房的空气处理设备集中处理后，由送风管道送入空调房间的系统。集中式全空气系统可分为单风道系统和双风道系统两种。

1）单风道系统。单风道系统适用于空调房间较大或各房间负荷变化情况类似的场合，例如办公大楼、剧场等。该系统主要由集中设置的空气处理设备、风道及阀部件、风机、送风口、回风口等组成。常用的系统形式包括一次回风系统、二次回风系统、全封闭式系统、直流式系统等。

2）双风道系统。双风道系统由集中设置的空气处理设备、送风机、冷风道、热风道、阀部件及混合箱、温控装置等多个部分组成。冷热风分别送入混合箱，通过室温调节器控制冷热风混合比例，来保证各房间温度独立控制。此系统特别适合负荷变化不同或温度要求不同的用户。但是具有初投资大、运行费用高、风道断面占用空间大、不易布置等缺点。

（3）半集中式空调系统

半集中式空调系统是结合了集中式空调系统设备集中、维护管理方便的特点及局部式空调系统灵活控制的特点发展起来的，主要的形式有风机盘管加新风系统和诱导器系统两种。

1）诱导式空调系统。诱导器加新风的混合系统称为诱导式空调系统。在系统中，新风通过集中设置的空气处理设备处理，经风道送入设置于空调房间的诱导器中，再由诱导器喷嘴高速喷出，同时吸入房间内的空气，使这两部分空气在诱导器内混合后送入空调房间。空气-水诱导式空调系统，诱导器带有空气再处理装置即盘管，可通入冷、热水，对诱导进入的二次风进行冷热处理。冷热水可通过冷源或热源提供。该系统与集中式全空气系统相比风道断面尺寸较小、容易布置，但是设备价格贵、初期投资较高、维护量大。

2）风机盘管加新风系统。风机盘管加新风系统是由风机盘管机组和新风系统两部分组成的混合系统。新风由集中的空气处理设备处理，通过风道、送风口送入空调房间，或与风机盘管处理的回风混合后一并送入；室内空调负荷由集中式空调系统和放置在空调房间内的风机盘管系统共同负担。

风机盘管机组的盘管内通入热水或冷水用来加热或冷却空气，热水和冷水又称为热媒和冷媒，因此，机组水系统至少应装设供、回水管各一根，即做成双管系统。若冷、热媒分开供应，还可做成三管系统及四管系统。盘管内热媒和冷媒由热源和冷源集中供给。因此，这种空调系统既有集中的风道系统，又有集中的空调水系统，初期投资较大，维护工作量大。在高级宾馆、饭店等建筑物中采用这种系统较广泛。

2. 空调系统的分类

空调系统分类方法通常有以下几种：

（1）按室内环境的要求，可分为三类：恒温恒湿空调工程、一般空调工程以及净化空调工程。

1）恒温恒湿空调工程。恒温恒湿空调工程是指在生产过程中，为保证产品质量，空调房间内的空气温度和相对湿度要求恒定在一定数值范围之内。例如机械精密加工车间、计量室等。

2）一般空调工程。一般空调工程是指在某些公共建筑物内，对房间内空气的温度和湿度不要求恒定，随着室外气温的变化，室内空气温度、湿度允许在一定范围内变化。例如体育场、宾馆、办公楼等。

3）净化空调工程。净化空调工程是指在某些生产工艺要求房间不仅保持一定的温度、湿度，还需有一定的洁净度。例如电子工业精密仪器生产加工车间。

（2）按空气处理设备集中程度，可分为三类：集中式系统、分散式系统及半集中式空调系统。

1）集中式系统。所有空气处理设备集中设置在一个空调机房内，通过一套送回风系统给多个空调房间提供服务。

2）分散式系统。空气处理设备、冷热源、风机等集中设置在一个壳体内，形成结构紧凑的空调机组，分别放在空调房间内承担各自房间的空调负荷且相互之间不影响。

3）半集中式空调系统。除了有集中的空调机房外还有分散设置在每个空调房间的二次空气处理装置（又称末端装置）。集中的空调机房内空气处理设备将来自室外的新鲜空气处理后送入空调房间（即新风系统），分散设置的末端装置处理来自空调房间的空气（即回风），与新风一道或者单独送入空调房间。

（3）按负担室内负荷所用的介质，可分为四类：全空气系统、全水系统、空气-水系统及制冷剂系统。

1）全空气系统。空调房间所有负荷全是由经过处理的空气承担。集中式空调系统即为全空气系统。

2）全水系统。空调房间负荷全依靠水作为介质来承担。不设新风的独立的风机盘管系统属于全水系统。

3）空气-水系统。该系统中一部分负荷是由集中处理的空气承担，另一部分负荷是由水承担。风机盘管加新风系统和有盘管的诱导器系统都是空气—水系统。

4）制冷剂系统。房间负荷是由制冷和空调机组组合在一起的小型空气处理设备负担。分散式空调系统属于制冷剂系统。

（4）按处理空气的来源，可分为全新风系统、混合式系统及封闭式系统三类。

1）全新风系统。全新风系统处理的空气全部是来自室外的新鲜空气，经集中处理后送入室内，然后全部排出室外。主要应用于空调房间内产生有害气体或者有害物而不能利用回风的场所。

2）混合式系统。混合式系统处理的空气，一部分来自室外新风，另一部分来自空调房间的回风，主要作用是为了节省能量。

3）封闭式系统。封闭式系统处理的空气全部来自空调房间本身，其经济性好但是卫生效果差，主要用于无人员停留的密闭空间。

（5）按风管内空气流速，可分为两类：低速空调系统和高速空调系统。

1）低速空调系统。工业建筑主风道风速低于15m/s，民用建筑风速低于10m/s。

2）高速空调系统。工业建筑主风道风速高于15m/s，对于民用建筑主风道风速高于12m/s的也称之为高速系统。这类系统噪声大，应设置相应防治措施。

5.2 通风工程施工图识读实例

实例1：通风系统平面图识读

阅读通风系统平面图注意以下方面：

1. 系统的编号与数量。对复杂的通风系统、风道系统需进行编号，简单的通风系统可不进行编号。

2. 通风管道的平面位置、形状、尺寸。

3. 空调系统中水管的平面布置情况。

4. 空气处理各种设备（室）的平面布置位置、外形尺寸、定位尺寸。

下面通过实例讲解怎样看通风系统平面图，如图5-3所示为某大厦通风系统平面图。

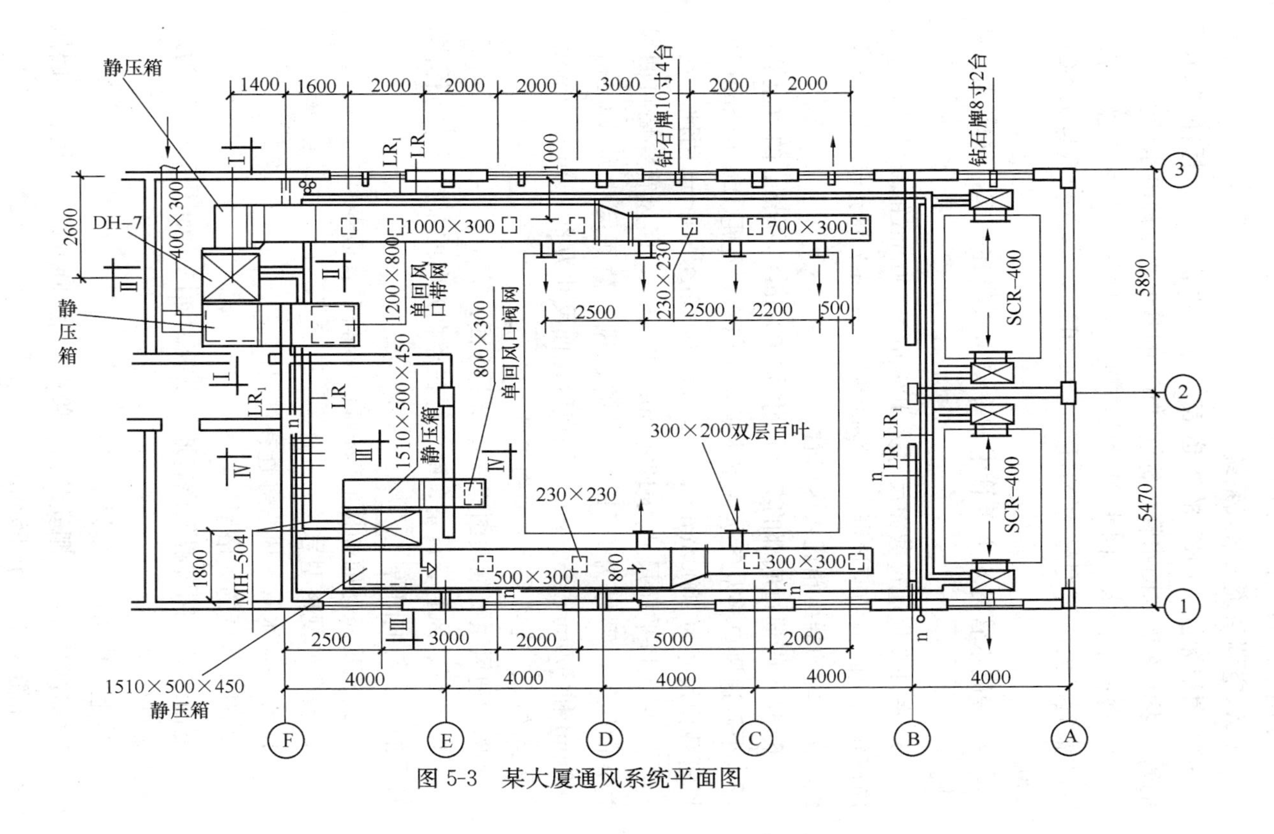

图 5-3　某大厦通风系统平面图

从上图中可以看出以下内容：

1. 该空调系统为水式系统。

2. 图中标注“LR”的管道表示冷冻水供水管，标注“LR_1”的管道表示冷冻水回水管，标注“n”的管道表示冷凝水管。

3. 冷冻水供水、回水管沿墙布置，分别接入 2 个大盘管和 4 个小盘管。大盘管型号为 MH-504 和 DH-7，小盘管型号为 SCR-400。

4. 冷凝水管将 6 个盘管中的冷凝水收集在一起，穿墙排至室外。

5. 室外新风通过截面尺寸为 400mm×300mm 的新风管，进入净压箱与房间内的回风混合，经过型号为 DH-7 的大盘管处理，再经过另一侧的静压箱进入送风管。

6. 送风管通过底部的 7 个尺寸为 700mm×300mm 的散流器以及 4 个侧送风口将空气送入室内。送风管布置在距①墙 100mm 处，风管截面尺寸为 1000mm×300mm 和 700mm×300mm 两种。

7. 回风口平面尺寸为 1200mm×800mm，回风管穿墙将回风送入静压箱。型号为 MH-504 上的送风管截面尺寸为 500mm×300mm 和 300mm×300mm，回风管截面尺寸为 800mm×300mm。

实例 2：通风系统剖面图识读

阅读通风系统剖面图应注意以下方面：

1. 水管、风管、设备、部件等在竖直方向的布置尺寸与标高、管道的坡度与坡向等。

2. 建筑房屋地面和楼面的标高，设备、管道等尺寸。

3. 设备的规格型号。

4. 设备与水管、风管等连接情况。

5. 相关装置的规格型号。

下面通过实例讲解怎样看通风系统剖面图，如图 5-4 示所为通风系统剖面图。

从上图中可以看出以下内容：

1. 空调系统沿顶棚安装，风管距梁底 300mm，送风管、回风管、静压箱高度均为 450mm。

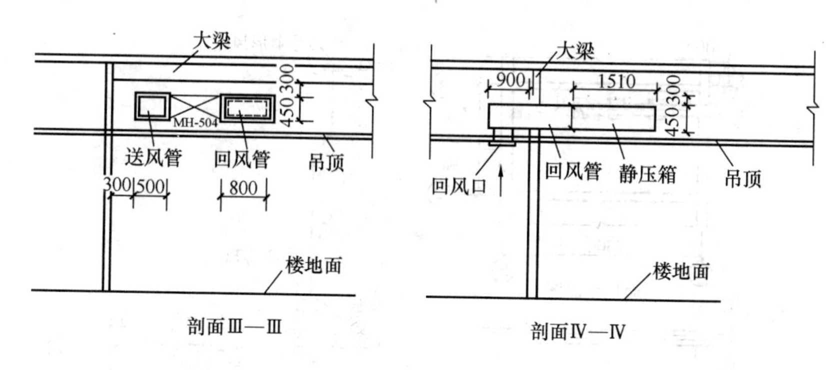

图 5-4 通风系统剖面图（单位：mm）

2. 两个静压箱长度均为 1510mm，回风管伸出墙体 900mm。

3. 接送风管的宽度为 500mm，接回风管的宽度为 800mm。送风管距墙 300mm，且与墙平行布置。

实例 3：通风系统平面图、剖面图、系统轴测图识读

图 5-5 和表 5-3 为某车间排风系统的平面图、剖面图、系统轴测图及设备材料清单。

设备材料清单 **表 5-3**

序号	名称	规格型号	单位	数量
1	圆形风管	薄钢板 σ=0.7mm，ϕ215	m	8.50
2	圆形风管	薄钢板 σ=0.7mm，ϕ265	m	1.30
3	圆形风管	薄钢板 σ=0.7mm，ϕ320	m	7.8
4	排气罩	500mm×500mm	个	3
5	钢制蝶阀	8 号	个	3
6	伞形风帽	6 号	个	1
7	帆布软管接头	ϕ320/ϕ450L=200mm	个	1
8	离心风机	4-72—11，No. 4.5A H=65mm，L=2860mm	台	1
9	电动机	JO_2—21—4 N=1.1kW	台	1
10	电机防雨罩	下周长 1900 型	个	1
11	风机减振台座	—	座	1

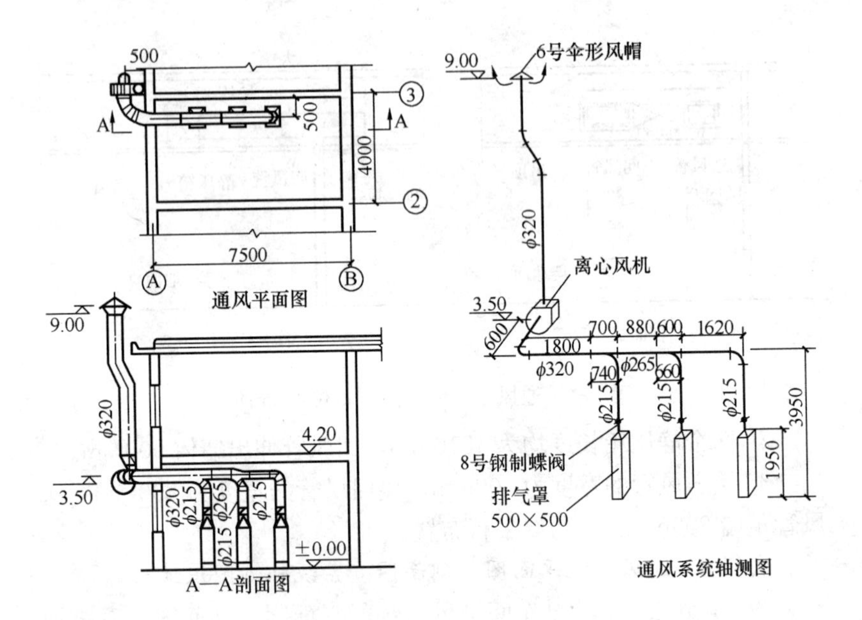

说明：1. 通风管用 0.7mm 薄钢板。

2. 加工要求：

(1) 采用咬口连接；

(2) 采用扁钢法兰盘；

(3) 风管内外表面各刷樟丹漆 1 遍，外表面刷灰调和漆 2 遍。

3. 风机型号为 4-72-11，电机 1.1kW 减振台座 No. 4. 5A。

图 5-5 排风系统施工图

从上图中可以看出以下内容：

1. 该系统属于局部排风，系统工作状况是由排气罩到风机为负压吸风段，由风机到风帽为正压排风段。

2. 风管应采用 0.7mm 的薄钢板；排风机使用离心风机，型号为 4-72-11，所附电机是 1.1kW；风机减振底座采用 No. 4. 5A 型。

3. 通过对平面图的识读了解到风机、风管的平面布置和相对位置：风管沿③轴线安装，距墙中心 500mm；风机安装在室外在③和Ⓐ轴线交叉处，距外墙面 500mm。

4. 通过识读 A－A 剖面图可以了解到风机、风管、排气罩的立面安装位置、标高和风管的规格。排气罩安装在室内地面，标高是相对标高±0.00，风机中心标高为＋3.5m。

5. 风帽标高为+9.0m。风管干管为 ϕ320，支管为 ϕ215，第一个排气罩和第二个排气罩之间的一段支管为 ϕ265。

6. 系统轴测图形象具体地表达了整个系统的空间位置和走向，并反映了风管的规格和长度尺寸，以及通风部件的规格型号等。

实例 4：通风系统施工图识读

阅读通风系统施工图应注意以下方面：

1. 设备位置。

2. 各通风系统的编号。

3. 设备部件的编号。

4. 风管的截面尺寸。

5. 设备名称及规格型号。

6. 风管的标高。

下面通过实例讲解怎样看通风系统施工图，如图 5-6 所示。

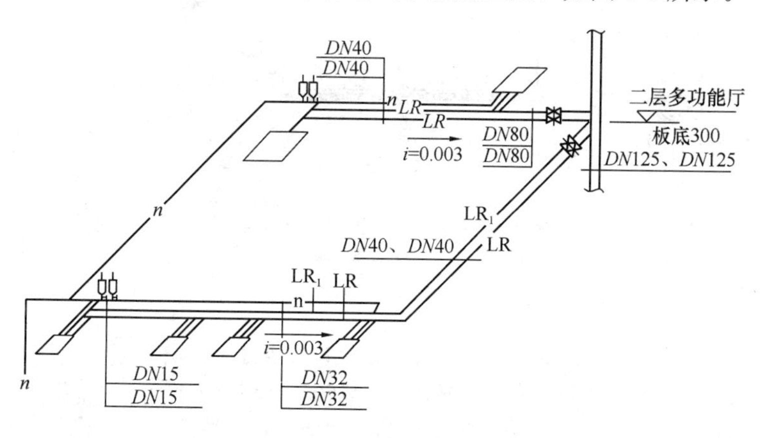

图 5-6 通风系统施工图

从上图中可以看出以下内容：

1. 冷冻水供水、回水管在距楼板底 300mm 的高度上水平布置。

2. 冷冻水供水、回水管管径相同，立管管径为 125mm。

3. 大盘管 DH-7 所在系统的管径为 80mm，MH-504 所在系统的管径为 40mm。

4. 4 个小盘管所在系统的管径接第一组时为 40mm，接中间两组时为 32mm，接最后一组变为 15mm。

5. 冷冻水供水、回水管在水平方向上沿供水方向设置坡度 0.003 的上坡，端部设有集气罐。

实例 5：矩形送风口施工图识读

如图 5-7 所示为矩形送风口安装图实例。

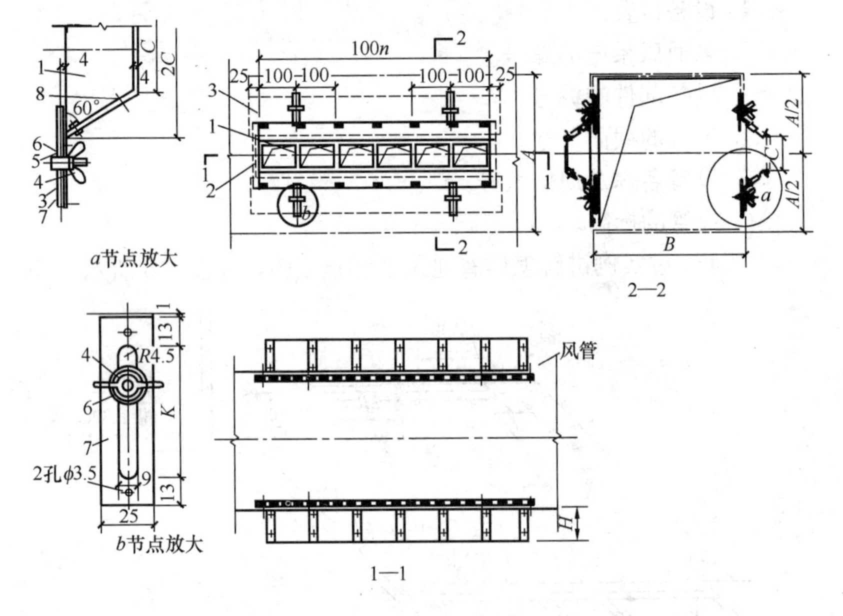

图 5-7 矩形送风口安装图

1—隔板；2—端板；3—插板；4—翼形螺母；
5—六角螺栓；6—垫圈；7—垫板；8—铆钉

从上图中可以看出以下内容：

1. 用于单面及双面送风口。

2. A 为风管高度，B 为风管宽度，按设计图中决定。

3. C 为送风口的高度，n 为送风口的格数，按设计图中决定（$n \leqslant 9$）。

4. 送风口的两壁可在钢板上按 2C 宽度将中间剪开，扳起 60°

角而得。

实例 6：单面送吸风口施工图识读

如图 5-8 所示为单面送吸风口安装图。

从上图中可以看出以下内容：

1. Ⅰ型用于方形风管，只有双数型号；Ⅱ型用于圆形风管。
2. 括号内之数字用 1～6 号。
3. 螺钉孔径为 $\phi5$。
4. 1～9 号送风口，隔板不折边。
5. 吸风口不装隔板。

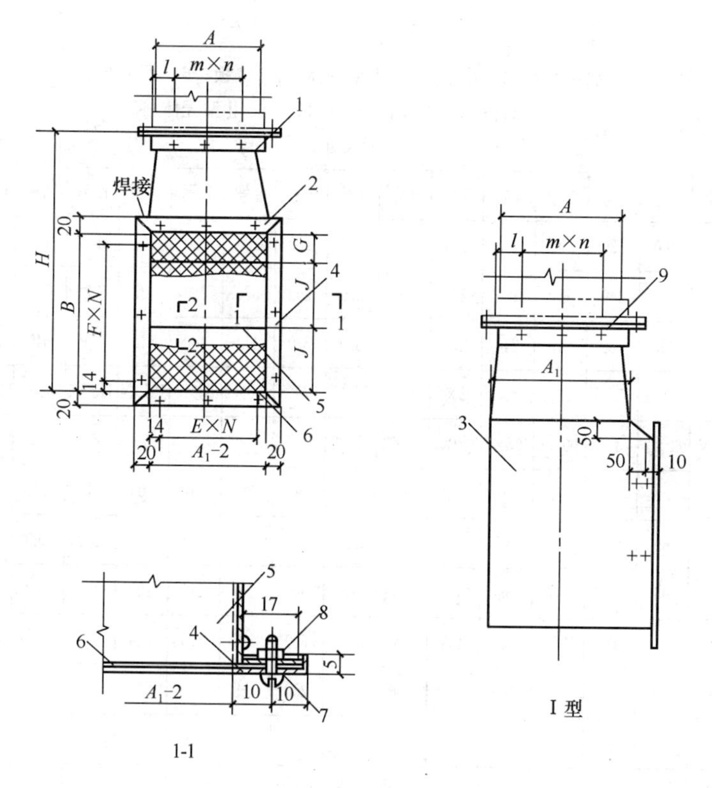

图 5-8 单面送吸风口安装图

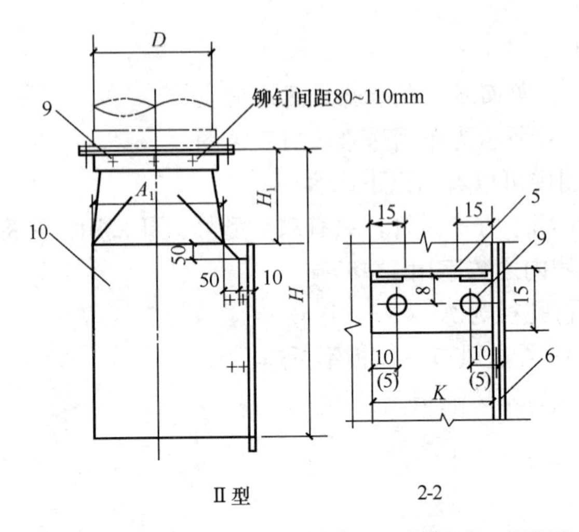

Ⅱ型　　　　2-2

1—法兰；2、4—边框；3—Ⅰ型壳体；5—隔板；6—钢板网；
7—螺钉；8—螺母；9—铆钉；10—Ⅱ型壳体

外形尺寸

型号	1号	2号	3号	4号	5号	6号	7号	8号	9号	10号	11号	12号	13号	14号
$A=D$	100	120	140	160	180	200	220	250	280	320	360	400	450	500
A_1	115	140	160	185	205	240	260	290	330	380	435	480	540	600
B	150	180	210	240	270	290	320	370	410	460	510	570	640	720
$E\times N$	43×2	55×2	65×2	78×2	88×2	70×3	77×3	87×3	100×3	88×4	101×4	113×4	138×4	143×4
$F\times N$	60×2	75×2	90×2	105×2	120×2	87×3	97×3	113×3	127×3	108×4	120×4	135×4	153×4	173×4
G	30	30	40	40	50	50	60	70	80	90	100	110	120	140
J	60	75	85	100	110	120	130	150	165	185	205	230	260	290
K	35	40	50	55	60	70	75	85	95	110	120	135	150	170
H	280	330	370	420	465	500	545	620	685	770	850	940	1050	1170
H_1	80	100	110	130	145	160	175	200	225	260	290	320	360	400
l	—	18	—	33	—	18	—	28	—	28	—	38	—	38
$m\times n$	—	90×1	—	100×1	—	85×2	—	100×2	—	90×3	—	110×3	—	110×4

图 5-8　单面送吸风口安装图（续）

5.3 空调工程施工图识读实例

实例 1：空调系统平面图、剖面图和系统图识读

阅读空调系统平面图、剖面图和系统图应注意以下方面：

1. 空调箱的设备位置。

2. 各空调系统附件的编号、尺寸、相应参数。

3. 风管的标高、走向、安装形式。

下面通过实例讲解怎样看空调系统平面图、剖面图和系统图，如图 5-9～图 5-11 所示为空调系统的平面图、剖面图和风管系统图。

从上图中可以看出以下内容：

1. 空调箱设在机房内。

2. 空调机房Ⓒ轴外墙上有一带调节阀的新风管，尺寸 630mm×1000mm，新风由此新风口从室外吸入室内。在空调机房②轴线内墙上有一消声器 4，这是回风管。

3. 空调机房有一空调箱 1，从剖面图可看出，在空调箱侧下部有一接短管的进风口，新风与回风在空调机房混合后，被空调箱由此进风口吸入，冷热处理后，由空调箱顶部的出风口送至送风干管。

4. 送风先经过防火阀和消声器 2，分出第一个分支管，继续向前，管径变为 800mm×500mm，又分出第二个分支管，继续前行，流向管径为 800mm×250mm 的分支管，送风支管上都有方形散流器（送风口），送风通过散流器送入多功能厅。然后，大部分回风经消声器 4 与新风混合被吸入空调箱 1 的进风口，完成一次循环。

5. 从 1—1 剖面图可看出，房间高度为 6m，吊顶距地面高度为 3.5m，风管暗装在吊顶内，送风口直接开在吊顶面上，风管底标高分别为 4.25m 和 4m，气流组织为上送下回。

6. 从 2—2 剖面图可看出，送风管通过软接头从空调箱上部接出，沿气流方向高度不断减小，从 500mm 变成 250mm。

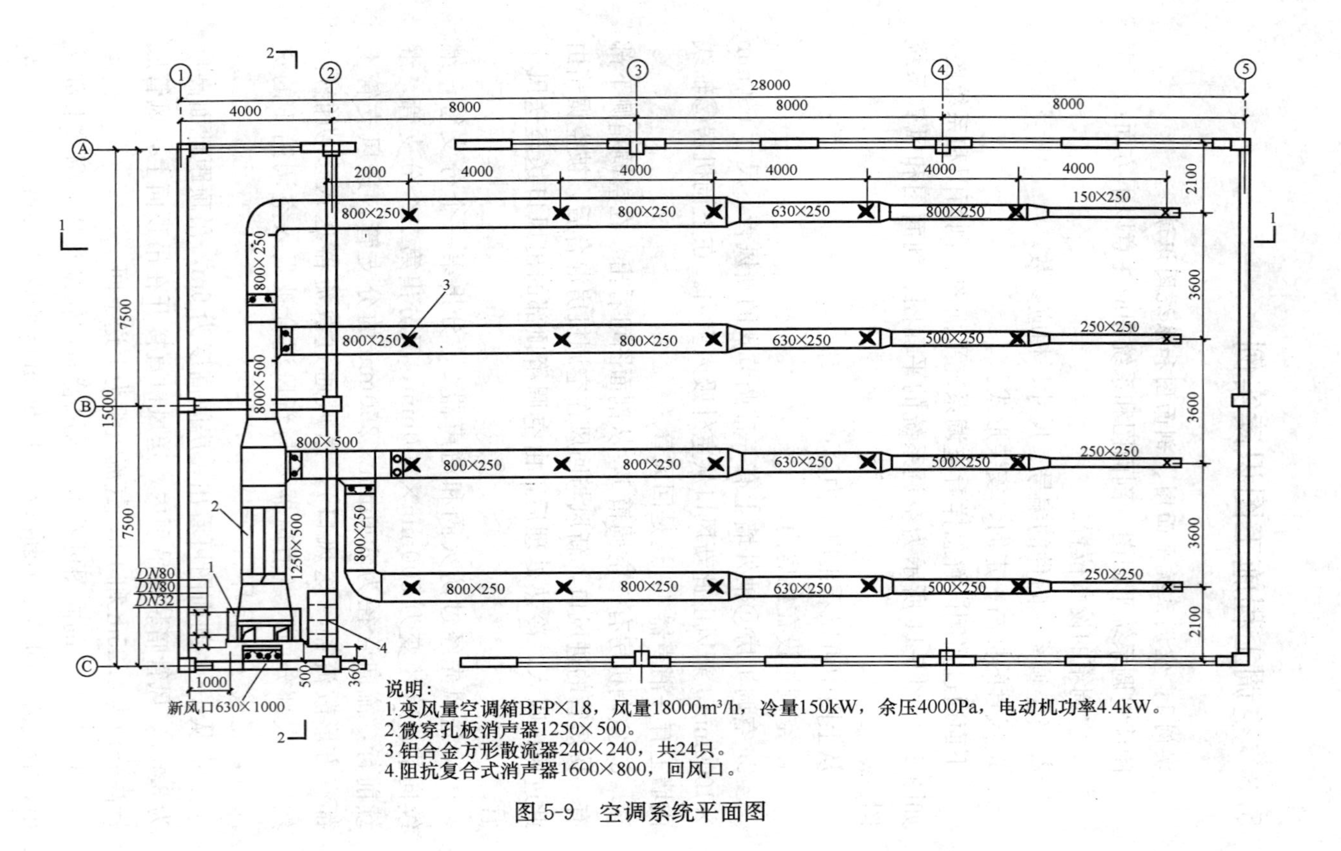
① ② ③ ④ ⑤
Ⓐ Ⓑ Ⓒ
28000
4000
8000
8000
8000
2000
4000
4000
4000
4000
2100
3600
3600
3600
2100
7500
7500
15000
800×250
630×250
150×250
500×250
250×250
800×500
1250×500
DN80
DN80
DN32
1000
500
360
新风口630×1000
1
2
3
4
说明：
1.变风量空调箱BFP×18，风量18000m³/h，冷量150kW，余压4000Pa，电动机功率4.4kW。
2.微穿孔板消声器1250×500。
3.铝合金方形散流器240×240，共24只。
4.阻抗复合式消声器1600×800，回风口。

图 5-9　空调系统平面图

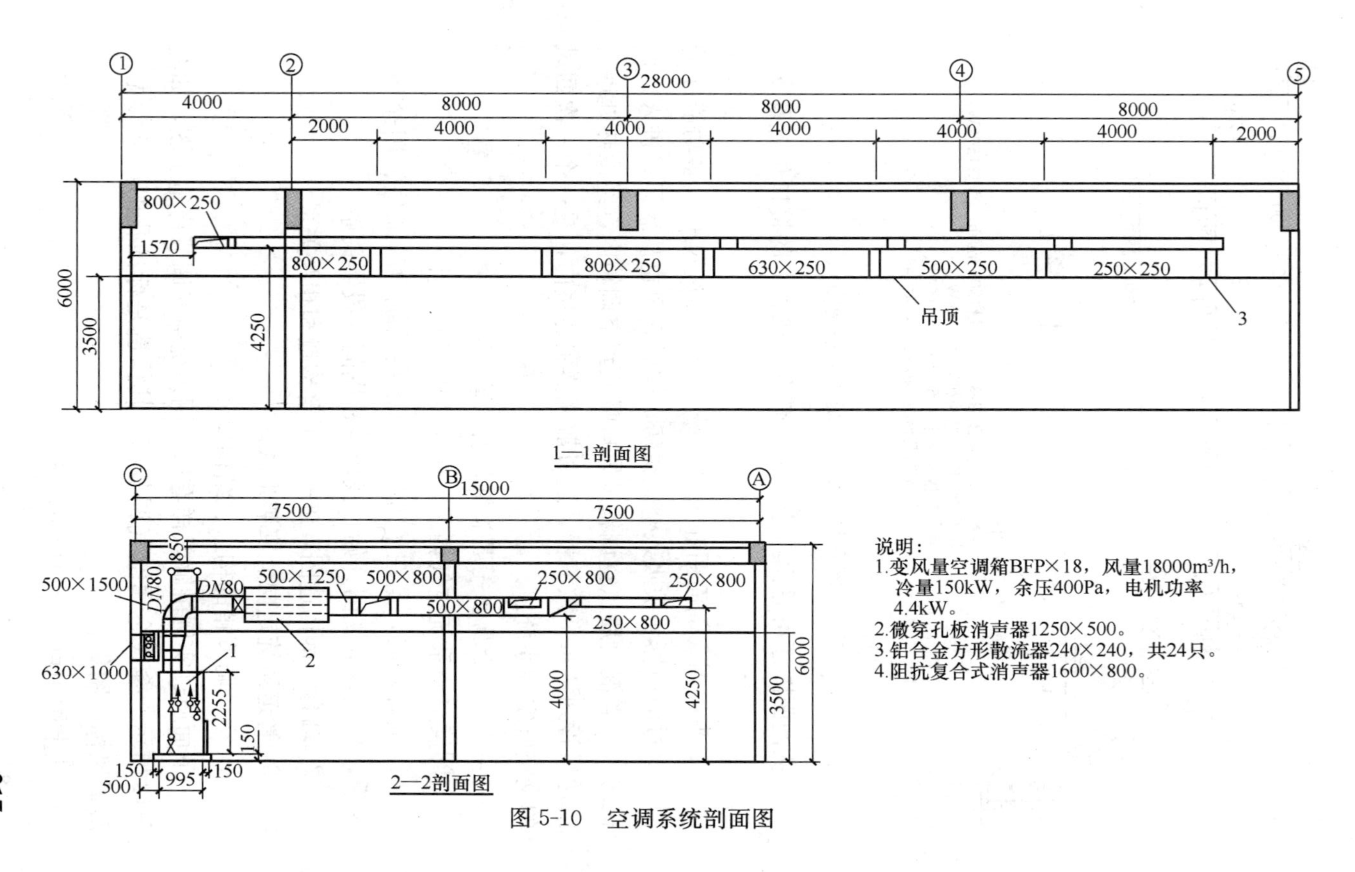

图 5-10　空调系统剖面图

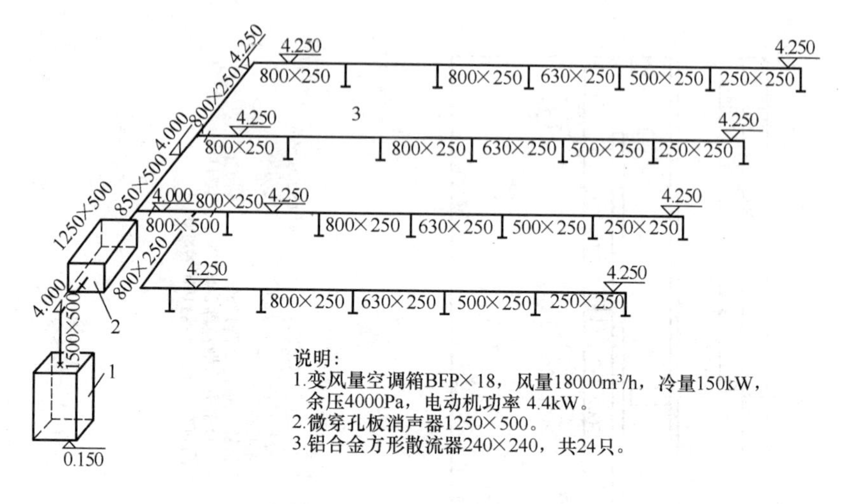

图 5-11 空调系统风管系统图

从剖面图还可看出三个送风支管在总风管上的接口位置及支管尺寸。

7. 平面图、剖面图和风管系统图对照阅读可知，多功能厅的回风通过消声器 4 被吸入空调机房，同时新风也从新风口进入空调机房，二者混合后从空调箱进风口吸入到空调箱内，经冷热处理后沿送风管到达每个散流器，通过散流器到达室内，是一个一次回风的全空气空调系统。

实例 2：金属空气调节箱总图识读

阅读空调系统空气调节箱应注意以下方面：

1. 看详图时，是在了解这个设备在系统中的地位、用途和工况后，从主要的视图开始，找出各视图间的投影关系。

2. 结合细部构造图，进一步了解构造和相互关系。

3. 管道系统走向、安装形式。

4. 空气调节箱的构造、结构尺寸

下面通过实例讲解怎样看通空调系统空气调节箱施工图，如图 5-12 所示为叠式金属空气调节箱，其构造是标准化的，可参见采暖通风标准图集。

从上图中可以看出以下内容：

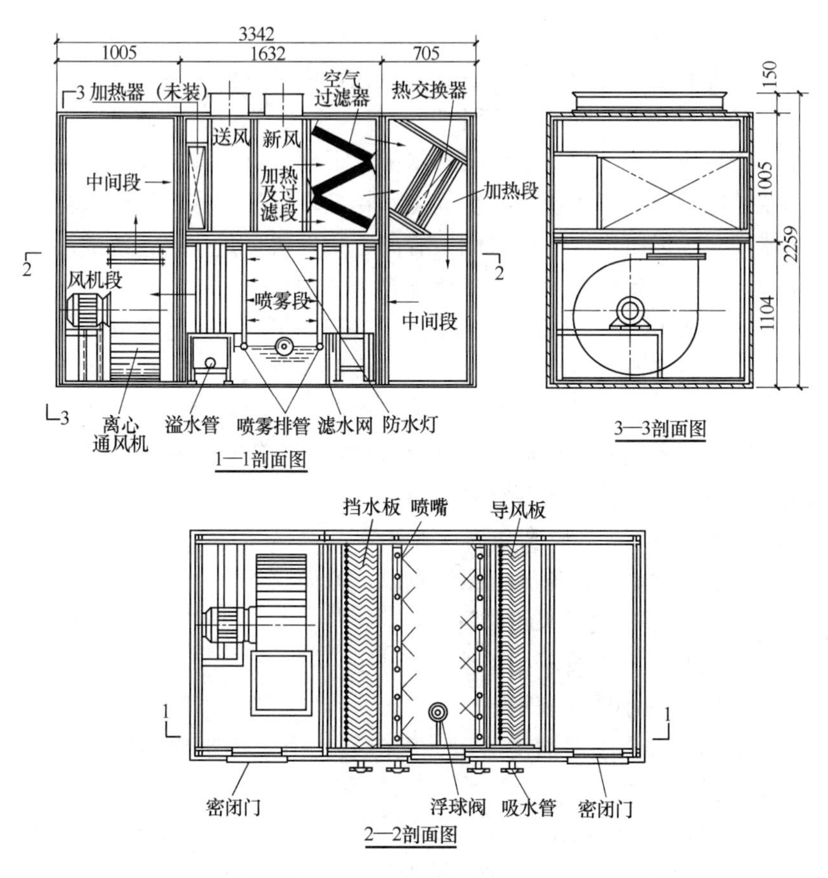

图 5-12　叠式金属空气调节箱

1. 本图为空调箱的总图，分别为 1—1、2—2、3—3 剖面图。该空调箱分为上、下两层，每层三段，共六段，制造时用型钢、钢板等制成箱体，分六段制作，装上配件和设备，最后拼接成整体。

2. 上层分为中间段、加热及过滤段和加热段。①左段为中间段，该段没有设备，只供空气通过；②中间段为加热及过滤段，左边为设加热器的部位（该工程未设置），中部顶上的两个矩形管，用来连接新风管和送风管，右部装过滤器；③右段为加热段，热交换器倾斜安装于角钢托架上。

3. 下层分为中间段、喷雾段和风机段。①中间段只供空气通过；②中部是喷雾段，右部装有导风板，中部有两根冷水管，每根管上有三根立管，每根立管上又接有水平支管，支管端部装有喷嘴，喷雾段的进、出口都装有挡水板，下部设有水池，喷淋后的冷水经过滤网过滤回到制冷机房的冷水箱循环使用，水池设溢水槽和浮球阀；③风机段在下部左侧，有离心式风机，是空调系统的动力设备。空调箱要做厚 30mm 的泡沫塑料保温层。

4. 由图可知，空气调节箱的工作过程是新风从上层中间顶部进入，向右经空气过滤器过滤、热交换器加热或降温，向下进入下层中间段，再向左进入喷雾段处理，然后进入风机段，由风机压送到上层左侧中间段，经送风口送出到与空调箱相连的送风管道系统，最后经散流器进入各空调房间。

实例 3：冷、热媒管道施工图识读

阅读空调系统管道施工图注意以下方面：

1. 一般用单线条来绘制管线图。

2. 水平方向的管子用单线条画出。

3. 立管用小圆圈表示。

4. 向上、向下弯曲的管子、阀门及压力表等都用图例符号来表示。

5. 管道在图样上加注图例说明。

6. 可根据管道系统图来表示管道、设备的标高等情况。

7. 制冷机房和空调机房内均有许多管路与相应设备连接，而要把这些管道和设备的连接情况表达清楚，要用平面图、剖面图和系统图来表示。

下面通过实例讲解怎样看空调系统管道施工图，如图 5-13～图 5-15 所示分别为冷、热媒管道底层、二层平面图和管道系统图。

从上图中可以看出以下内容：

1. 从制冷机房接出的两根长的管子即冷水供水管 L 与冷水回管 H，水平转弯后，就垂直向上走。在这个房间内还有蒸汽管 Z、凝结水管 N、排水管 P，都吊装在该房间靠近顶棚的位置上，与图 5-14 二层管道平面图中调—1 管道的位置是相对应的。

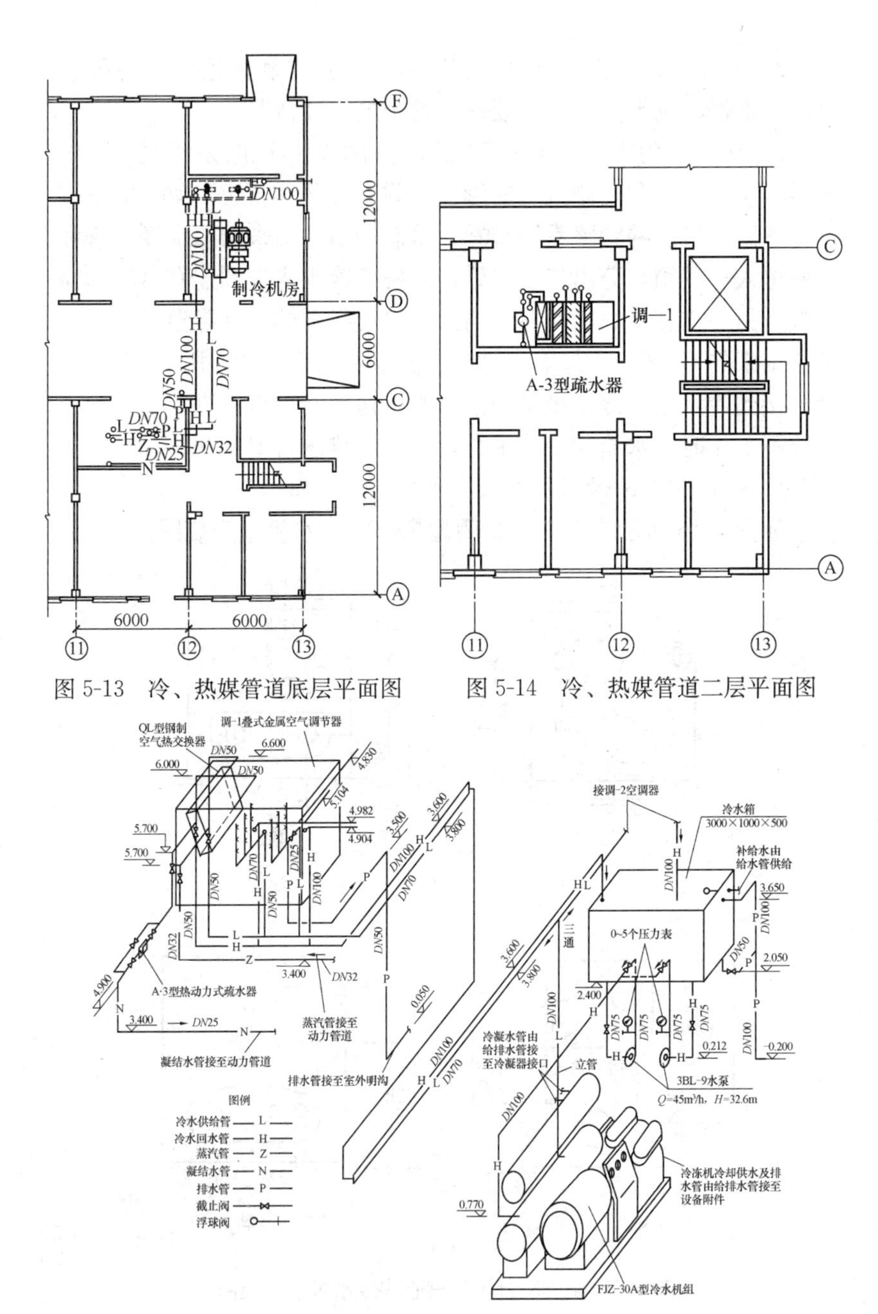

图 5-13　冷、热媒管道底层平面图

图 5-14　冷、热媒管道二层平面图

图 5-15　冷、热媒管道系统图

2. 在制冷机房平面图中还有冷水箱、水泵和相连接的各种管道，可根据图例来分析和阅读这些管子的布置情况。

3. 图 5-15 为表示冷、热媒管道空间布置情况的系统图。图中画出了制冷机房和空调机房的管路和设备布置情况。从调—1 空调机房和制冷机房的管路系统来看，从制冷机组出来的冷水经立管和三通进入空调箱，分出三根支管，两根将冷媒水送到连有喷嘴的喷水管，另一支管接热交换器，给经过热交换器的空气降温；从热交换器出来的回水管 H 与空调箱下的两根回水管汇合，用 $DN100$ 的管子接到冷水箱，冷水箱中的水由水泵送到冷水机组进行降温。当系统不工作时，水箱和系统中存留的水由排水管 P 排出。

实例 4：19DK 封闭离心式冷水机组施工图识读

如图 5-16 所示为 19DK 封闭型离心式冷水机组安装图。

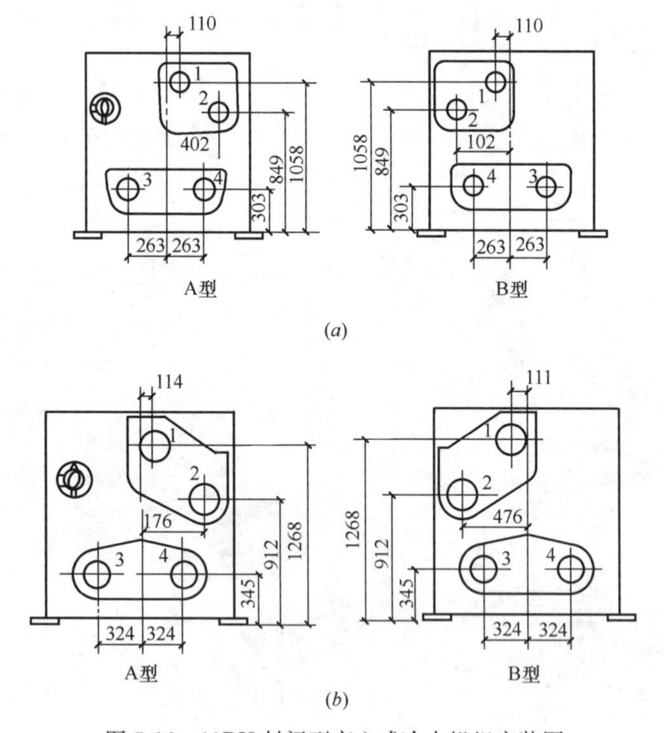

图 5-16　19DK 封闭型离心式冷水机组安装图

（a）19DK61255CE、19DK65355CN 水接管位置图；（b）19DK78405CQ 水接管位置图

水接管尺寸表

机组型号 \ 位置、尺寸	1(冷却水出水)	2(冷却水进水)	3(冷水进水)	4(冷水进水)
19DK61255CE	DN200(ϕ219×7)	DN200(ϕ219×7)	DN150(ϕ168×7)	DN150(ϕ168×7)
19DK65355CN	DN200(ϕ219×7)	DN200(ϕ219×7)	DN150(ϕ168×7)	DN150(ϕ168×7)
19DK78405CQ	DN250(ϕ273×9)	DN250(ϕ273×9)	DN200(ϕ219×7)	DN200(ϕ219×7)

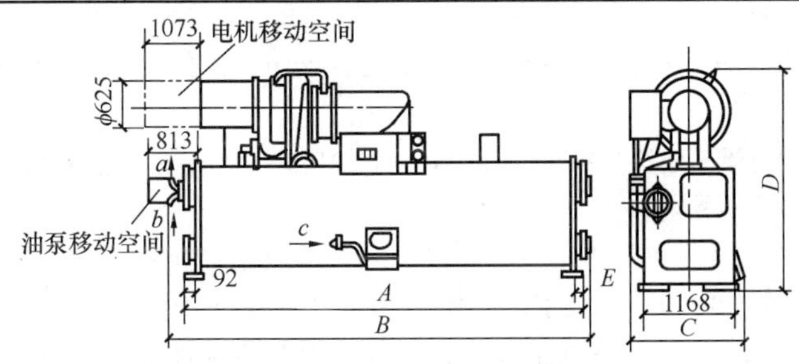

尺寸表

机组型号	A	B	C	D	E	接口 a	接口 b	接口 c
19DK61255CE	4031	4206	1356	2334	257	液压泵冷却器进口 DN15(内)	液压泵冷却器出口 DN20	氟利昂充液 口 DN15(内)
19DK65355CN	4031	4260	1356	2334	257			
19DK78405CQ	4031	4317	1524	2695	286			

图 5-16　19DK 封闭型离心式冷水机组安装图(续)

从上图中可以看出以下内容：

1. 拔管长度为 4000mm，留在任何一端都可以。

2. 冷水和冷却水管在电机端称为 A 型，在压缩机端称为 B 型。

参 考 文 献

[1] 国家标准．总图制图标准(GB/T 50103—2010)[S]. 北京：中国计划出版社，2011.

[2] 国家标准．建筑制图标准(GB/T 50104—2010)[S]. 北京：中国计划出版社，2011.

[3] 国家标准．建筑结构制图标准(GB/T 50105—2010)[S]. 北京：中国建筑工业出版社，2010.

[4] 中华人民共和国住房和城乡建设部．房屋建筑制图统一标准(GB/T 50001—2010)[S]. 北京：中国建筑工业出版社，2011.

[5] 中华人民共和国住房和城乡建设部．建筑给水排水制图标准(GB/T 50106—2010)[S]. 北京：中国建筑工业出版社，2010.

[6] 中华人民共和国住房和城乡建设部．暖通空调制图标准(GB/T 50114—2010)[S]. 北京：中国建筑工业出版社，2010.

[7] 王全凤．快速识读暖通空调施工图[M]. 福建：福建科技出版社，2006.

[8] 曲云霞．暖通空调施工图解读[M]. 北京：中国建筑工业出版社，2009.

[9] 姜湘山．暖通空调设计——专业技能入门与精通[M]. 北京：机械工业出版社，2011.

[10] 秦树和，秦渝．管道工程识图与施工工艺(第二版)[M]. 重庆：重庆大学出版社，2011.